フクシマ6年後　消されゆく被害

歪められたチェルノブイリ・データ

日野行介／尾松亮

人文書院

フクシマ6年後　消されゆく被害

——歪められたチェルノブイリ・データ

目次

序章
被災6年、見えない傷口

日野行介

私たちは「おかしな人」ですか?

サッカー場の中にある会議室から出てきた女性に「どう感じましたか」と声を掛けた。彼女はキッと眼を見開き、「最低だなと思いました」と短く答えた。

彼女と面識はない。原発事故による被曝《ひばく》を避けるため、子どもを連れて福島県郡山市から新潟市に自主避難していると明かしてくれた。

それまで会議室で開かれていたのは、復興庁による自主避難者向けの説明会だった。彼女の眼にはうっすらと涙が浮かんでいた。「なぜ家の中を汚されて我慢しないといけないんですか。これまで何度も何度も意見を伝えてきたのに聞いてくれない」と、堰を切ったかのように悔しさを訴えた。別れ際の一言は忘れられない。「よい記事を書いてください。私たちの声は小さくて聞こえないのかもしれませんが……」。返す言葉がなかった。

筆者は2015年7月1日、上越新幹線に乗って新潟に向かった。午前9時過ぎにJR新潟駅のホームに降り立ち、改札を過ぎると、見知った男性がいる一団と鉢合わせた。彼は筆者に気づくと、軽く会釈をした後すぐに視線をそらした。

梅雨前線が日本列島に居座り、この日は広い範囲で朝から強い雨が降りしきっていた。新潟駅前からタクシーに乗り込み、説明会の会場であるデンカビッグスワンスタジアムに向かった。ここはJリーグ・アルビレックス新潟の本拠地だが、この日開かれるのはサッカーの試合ではない。

東京電力福島第一原発事故を受けて、国が出した避難指示の区域外から避難する人々は「自主避難者」と呼ばれる。あの事故から4年半近くが経っても、いまだ避難生活を続ける自主避難者は約2万5000人と言われていた。ただ政府は自主避難者を定義しておらず、人数すら正確に調査していないので、実際にはよく分からない。

会場はスタジアム内の会議室だった。平日の午前中にもかかわらず、40脚ほどある椅子はほぼすべて埋まっていた。一見して30~40代ほどの女性が多かった。

新潟駅で会釈を交わした男性は、彼女たちと向かい合う形で正面の席に座った。復興庁で自主避難者の支援を担当する佐藤紀明参事官だった。

この日の説明会は、自主避難者の住宅問題が主題だった。この半月ほど前、福島県の内堀雅雄知事が自主避難者に対する住宅の無償提供を17年3月末で打ち切ることを発表した。東電の賠償が1世帯150万円程度と乏しい自主避難者にとって、住宅提供は避難生活を維持する「命綱」であり、自らを原発事故の被害者と認める唯一の「証し」だった。

新潟自主避難者説明会（2015年7月1日）

佐藤参事官の横に座っていた福島県避難者支援課の菅野健一主幹が立ち上がり、説明を始めた。菅野主幹は「ギリギリのやり取りを内閣府としてきて、1年延長が決まりました。ブチッと切るのではなく、新たな支援策があると伝えに来たのが今回の目的です」と述べ、「2016年3月末」だった住宅提供期限を「2017年3月末」まで1年延ばしたことを強調した。「打ち切り」という言葉は使わず、意図的かは分からないが、晴れやかな表情で、まるで彼女たちに「感謝」を求めている口ぶりだ。

ごまかしは見抜かれており、白けた空気が会場に広がった。そもそも彼女たちは今、新潟県に住んでいる。

住宅も福島県が提供したものではない。なぜ福島県と国から退去を求められるのか理解不能だろう。

質疑応答の時間に移ると、一人の女性が質問に立った。福島県郡山市から二人の娘を連れて自主避難している磯貝潤子さん（41）だった。「こんなの理解しがたい、受け入れがたい。いったい誰がこんなことを決めたのか」と問い詰めた。だが菅野主幹は「決めたのは県。内閣府と協議を重ねた結果だ」と、無意味な説明を繰り返した。それでも磯貝さんは「原発事故は津波や地震と違う。5年、6年の避難は長いと言えるのか」と食い下がった。すると菅野主幹は「福島では除染も進んでおり、多くの人が暮らしている。できることとできないことがある。そこは理解してほしい」と、かみ合わない答えを返した。「みんな我慢してんだ」という開き直りにしか聞こえない。

磯貝さんはさらに質問を重ねようとしたが、司会者は認めずに質疑を打ち切った。配られたスケジュール表を見ると、15分間の質疑応答の後、著名な女性心療内科医が「ストレスの対処法」について1時間講演する予定になっていた。明らかに偏った時間配分だ。言葉は悪いが、精神的に不調な人、頭のおかしい人として自主避難者にレッテルを貼っているように見える。

いったん休憩に入ったのを見計らい、佐藤参事官に「なぜ心療内科医の講演が必要なのか」と尋ねた。佐藤参事官は淡々と「この問題は人それぞれの受け止め方次第ですから」と答えた。本心からそう信じているのか、役人の立場から思い込んだ結果なのかは読み取れなかった。人間として侮辱しているのではないか、と幾分挑発的な質問をぶつけたが、彼は感情を出さなかった。

説明会が終わり、会場から出てくる磯貝さんを見つけた。「何だか私たちのことを「わがまま」と言っているみたい。質疑は短く、講演は長い。馬鹿にされている。今さらヒーリングなんて言われたって……」と絶句した。彼女の目にも悔し涙が浮かんでいた。

「納得して戻る人なんていない」

2015年7月14日、埼玉県郊外にある街道沿いのハンバーガーショップで、二人の女児を連れて福島市から母子避難している倉本宏子さん（仮名、45）と向かい合った。筆者の横には、埼玉県内で自主避難者の支援を続けているフリーライターの吉田千亜さん（38）がいた。

倉本さんと会うのはこれが二度目だった。取材時間に指定されたのは平日の午前中だ。仕事がある夫を福島に残し、子どもだけを連れて避難を選んだ母親たちは多忙だ。一人で子どもの面倒を見ながら、パートの仕事を続けている人も多い。取材に応じる時間を捻出するのも一苦労なのだ。

国の避難指示区域外であっても、福島市など23市町村の住民については、実際に自主避難したかにかかわらず東京電力から賠償金が支払われた。ただ1世帯150万円程度であり、避難先との二重生活で増えた支出を補えるはずもない。

倉本さんは翌春には福島市に戻ろうと考え始めていた。避難生活が嫌になったからでも、国や福島県の言うことが正しいと思ったわけでもない。

「これで福島に帰らざるを得ないけど、帰ったらきっと「これで納得した?」なんて聞かれると思う。全部自分のせいにされる。でも納得して帰る人なんてだれもいないと思う。今だって避難指示を出してほしいくらいなのに」

胸の内に押し込めていた悔しさが口をついた。

彼女たちは何も悪いことをしていない。この国の政府は事故直後の11年4月、「緊急時だから」と言って、避難指示基準を年間20ミリシーベルトに設定した。同年12月の「収束宣言」で緊急時は去ったはずなのに、年間20ミリシーベルトの基準はそのまま据え置かれ、本来の被曝限度である年間1ミリシーベルトは「なかったこと」にされた。要は事故で上昇した線量をそのまま追認しただけだ。

ましてや倉本さんが住んでいた福島市南東部では事故直後に年間20ミリシーベルトを超える地点が次々と見つかり、避難指示を求める声が上がったにもかかわらず、国は無視した。彼女たちは見過ごされた被害者と言うほかない。

しかし為政者だけでなく世間も「被害者」とは認めてくれない。

「勝手に逃げたのに賠償もらっていいわね」
「無償で住めていいわね」
「もう大丈夫じゃないの」

周囲の無理解や誤解が苦境に追い打ちをかける。中傷から子どもを守ろうと、彼女たちはますます周囲への警戒を強めていく。この理不尽を社会に訴えたいと思っても、子どもへの悪影響を恐れて実名で訴えるのをためらう。

16年11月には、福島県内から横浜市内に自主避難した中学1年の男子生徒が転入先の小学校でいじめを受けて不登校になったことが発覚した。「賠償金があるだろ」と金銭を要求されて約150万円もの大金を使われていたなどの深刻な実態も明らかになり、原発避難者たちは打ちひしがれている。

「放射能から子どもを守る」一心で遠方に避難した母親にとって、避難先の学校で子どもがいじめられるのは最も恐れる事態だ。自主避難となれば世間の偏見はさらに強い。「自分だけが我慢すれば」と自らの苦境を広く訴えるのを避け、避難者であることを周囲に明かしていない母親も多い。それもあって、自主避難者の賠償が1世帯150万円程度に過ぎないことは広く知られていない。

加害者の子どもたちが賠償金についてどこまで知っていたか定かではない。それでも原発避難者に対する大人たちの蔑みが透けて見える。事故後5年半が過ぎても原発避難に無理解な社会の現実を突き付けられたのだ。

福島県中通り地域から東京都内に自主避難しているシングルマザー（43）はこうこぼした。

「子どもの命を守るために避難したのに、いじめで自殺なんかされたら救われない」

同じ母親として自主避難者を一貫して支え続けてきた吉田さんの仲介なしでは、マスメディアの会社員、しかも男性の記者が話を聞くことすら難しい。たとえ話ができても、強い警戒心を解いて本音を引き出すのは至難の業だ。だが彼女たちもそんな状態では理解が広がらないことを自覚している。だからこそ苦悩も深い。

二重生活の負担は重い。倉本さんも幼い二人の娘を育てながら、埼玉県内の給食センターで働いてきた。事故前に思い描いていたマイホームの夢はいったん諦めた。子どもはまだ小学生と幼稚園児で、これから教育費も増えていく。

「本当は今のうちに貯金しないといけなかったのに……」

事故によって人生設計が狂わされたのに、認めてもらえない悔しさがにじむ。

倉本さんは福島地裁で係争中の「子ども脱被ばく訴訟」の原告に加わった。

「この事故が起きる前はテレビのニュースすら見なかったのに……」

すべてが自己責任に押し付けられ、為政者が一方的に幕引きを急ぐ現状を許せなかったのだ。

「この事故は長く続く問題。子どもが成長して、孫ができて初めて安心できるんだと思う。責任を果たしてほしい」

「自分で子どもを守るしかないと思った」

２０１５年12月18日の午前中、東京都心から1時間ほど電車に揺られ、新たな研究機関や大学も建ち並ぶ首都圏郊外のベッドタウンに向かった。星野素子さん（仮名、43）は子どもを幼稚園に送り出した後だといい、改札口で筆者を待ってくれていた。この日が初対面だった。

筆者も寄稿した『原発避難白書』（人文書院、２０１５年）の中で、茨城大学の原口弥生教授が紹介した彼女の言葉が印象深かった。

「希望があるとしたら、原発事故が起きた後に、子どもたちを政府が責任を持って長期保養に出すとか、健康調査も甲状腺エコー検査だけではなく、もっとしっかりやるとか、子どもを守ろうとしている姿勢が感じられる社会です。今は、それが一切感じられない」

子どもを連れて自主避難する母親たちは、広い視野でリスクを考え抜いたうえに決断したのであり、ありもしない不安に苛まれた「頭のおかしな人」ではない。短い文章で的確に反論していると感じた。

星野さんは5年前まで福島の地方紙で新聞記者をしていた。真っ先に口にしたのは、4年にわたり原発事故の報道を続けている筆者への素直な羨望だった。

「毎日新聞ってきっと自由な会社なんでしょうね。本当に羨ましい」

取材の序盤は星野さんから質問攻めに遭い、どちらが取材しているか分からないと内心苦笑したが、楽しそうに尋ねる姿を見て、きっと彼女は記者の仕事が好きだったのだろうと推しはかった。

事故直後は避難を考えていなかったが、放射線量が事故前の約500倍に達しても、いっこうに国や自治体は子どもを守る手立てを講じようとはしない。それどころか、まるで事故などなかったかのように、「復興」「絆」とポジティブで感傷的な言葉ばかりがこだまし始めた。被害と正面から向き合わない浮ついた空気に違和感を覚えた。

その一方で、星野さんの周囲にも子どもを連れて自主避難する母親が現れ始め、このままでよいのか思い悩むようになった。そして新聞記者のキャリアを投げ打ち、母子避難することを決めた。

「国も社会も頼りにならない。子どもを守れるのは自分だけだと分かったんです」

星野さんは事故から約半年後の11年10月に幼い長男を連れて福島市を離れた。最初は東京都内で「みなし仮設住宅」として無償提供された団地に入った。そのころは周囲に自主避難者であることを明らかにしていた。自主避難に罪悪感などなく、自らを事故の被害者と信じていたからだ。

しかし次第に周囲の冷たい視線を感じるようになり、2年ほどでこの団地を飛び出した。

「理不尽に耐え切れなかった。次は自主避難者だと明かさないようにしようと思った」と、悔しい思い出を振り返った。国はみなし仮設住宅の住み替えを認めておらず、今はアパートの家賃を自己負担している。

自主避難の決断に後悔はない。子どもの将来を心配しない親はいないし、リスクが1％でもあるなら避難を考えるのは当然だと思うからだ。

しかし政治、そして社会までもが「大丈夫だ」と言うばかりで、「それぐらい、いいだろ」と言わんばかりに我慢を押し付けてくる。とても原発事故と正面から向き合っている姿勢には見えない。なぜ、対等に話し合って、保養を増やすとか、医療体制を充実させるとか、具体的な手立てを取ってくれないのか、事故直後に抱いた違和感は拭えないままだ。

自主避難した母親たちは頭のおかしな少数派なのだろうか、そう尋ねると、星野さんは冷静に反論した。

「うちは幾ばくかの貯金があり、賃貸住宅に住んでいて住宅ローンもなかった。子どもが小学校に上がる前で転校も必要なかった。自主避難に踏み切るかどうかはその程度の差だったと思う」

それから半年後、再び星野さんを訪ねた。駅前の商業ビルに入るレストランで昼食を取りながら、2時間ほど話を聞かせてもらった。

長男はこの春小学校に入り、「少し時間が自由になった」と笑顔を見せた。だが子どもが少し手を離れて自分の人生を考える時間ができたのだろう。「子どもはこれからどんどん成長して、精神的にも自立していく。私も生き甲斐を持たないと」と、少し寂しそうに明かした。今は仕事を探しているという。

星野さんは最近、福島に住む友人から「5年も別に暮らしていたら離婚されても仕方ないよね」と言われてショックを受けた。福島県が自主避難者に対する住宅提供の打ち切りを発表してから1年近くが経っても、反対する声は当事者以外から上がっていない。それどころか「もう5年も経ったんでしょ」と、向けられる視線の冷たさは増している。何で伝わらないのか、もどかしさが募る。

星野さんは「私たちは傷口が見えにくいんです」とつぶやいた。訴えた後に押し寄せる反撃を恐れて、自らを「被害者」と言うことすらできない。

「私たちの身体にはざっくりと深い傷が開いている。でも他人にはそれが見えない」

第1章　甲状腺検査に仕組まれた罠

日野行介

166人の小児甲状腺がん患者

2016年2月15日の午後、JR福島駅前にあるホテルの会議室に入った。普段は結婚式などに使っているのだろう。小さめの体育館くらいの広さがあった。

会場の前方には、コの字型に置かれた机があり、その後方には事務机が数列並び、地味なスーツを着た男性たちが50人ほど整然と座っていた。

そのさらに後方に、机がなく、事務用のパイプ椅子だけの席が60席ほどあった。こちらに座っているのは、フリースにジーンズなどラフな服装の男女が多い。会場の左右には、銀色の高い脚立に登り、大きなテレビカメラを構えた男性たちも並んでいた。

前方に座るスーツ姿は、福島県庁や福島県立医大の職員たち、そして東京電力福島第一原発事故の被災者対応に当たる国の職員たちだった。そして、後方に座る人々は原発事故を取材する新聞やテレビの記者、そしてフリーランスのジャーナリストたちだった。その中には、雇用や契約と関係なく自発的に健康調査のウォッチを続け、フェイスブックやツイッターで発信する一般の人々も含まれる。

この会議室で開かれるのは、原発事故を受けて福島県が実施している県民健康調査（県民健康管理調査から改称）の第22回検討委員会だった。それにしても、傍聴席から委員たちが座るコの字型の席まであまりに遠い。高い脚立に登らなければ委員の顔を見ることもできないし、スピーカーがなければ声も届かない。4年前はここまで遠く隔てられていなかった。

筆者は12年6月、検討委員会の取材をするためこのホテルを訪れた。まだ小児甲状腺検査でがん患者は見つかっていなかった。それから4年が経ち、第22回検討委員会では患者数が166人に達したことが報告された。全国的な統計に比べて「数十倍」の患者が見つかっていることを認めた。

2時間ほどで検討委員会が終わると、記者会見に移る。極言すると、大半の記者が聞きたいことは一つしかない。

「多発する甲状腺がんは事故による被曝の影響ではないのか」

検討委員会や県立医大側の回答もいつも同じだ。

「チェルノブイリの知見から被曝の影響とは考えにくい」

検討委員会よりも会見の方が白熱した議論が繰り広げられ、筆者も次第に会見が「本番」と錯覚するようになった。いや、もしかしたら錯覚ではないかもしれない。国や県にとっても、「因果関係は考えにくい」との公式見解を報道させるため、会見のほうが本番になっているのではないか、そんな疑いすら抱くようになった。

第22回検討委員会の会場（2016年2月15日）

　この頃、ある被災者から「信頼されていない調査を報道する必要があるのか。会見を無視したらどうか」と言われた。薄々感じていたジレンマを指摘され、返す言葉がなかった。

　事故による被曝との因果関係を否定する根拠は「チェルノブイリの知見」だった。

　第22回検討委員会では県民健康調査の「中間取りまとめ」案が議論された。因果関係を否定する理由についてこう書かれている。

　被曝線量がチェルノブイリ事故に比べてはるか

に少ないこと、被曝からがん発見までの期間がおおむね1年から4年と短いこと、事故当時5歳以下からの発見はないこと、地域別の発見率に大きな差がない。

国際原子力機関（IAEA）などの国際機関が被曝の影響と認めたチェルノブイリとは現れ方が異なるのだから、被曝の影響とは認めない、と言いたいのだ。

しかし説得力は乏しい。ある関係者が苦笑した。

「『被曝と因果関係がないなら、日本中どこでもあんなに見つかるのか』と聞かれて往生している。はっきり言って、誰も自信を持って答えられない」

被曝とは因果関係がないと主張する関係者の間でも、焦燥感が募っているという。

「最初はあんなにたくさん見つかるなんて思っていなかった。子ども全員の調査なんてやらなきゃよかった、なんて言う人もいるよ」

それならばと「『結論ありき』の姿勢を改め、ありのままに事故の被害と向き合うべきではないか」と問いかけると、彼はこう切り返した。

「もし『これは被曝の影響だ』と認めたらどうなるかね。逆にみんな困ってしまうんじゃないのかね」

「秘密会」で崩れた信頼

ところで「中間取りまとめ」は最後にこう書かれていた。

調査の目的として「県民の健康不安の解消」を掲げていたことや非公開で事前の資料説明を行っていたことが、調査結果の評価に関し委員会が予断を以て臨んでいるかのような疑念を生むことになったことから、これを一つの教訓として、委員会を運営してきた。

筆者が2012年10月に毎日新聞紙上で報道した「秘密会」問題を指しているのは明らかだった。

福島県はそれまで、検討委員会を開催する度、事前に委員たちを集めて秘密の会合を開いていた。この会合を「準備会」「事前打ち合わせ」と呼んでいた。初めて甲状腺がん患者が見つかったことを公表した第8回検討委員会の直前にも、県庁の担当部長室で秘密会を開いている。

「チェルノブイリでは最短4年ほどで起きた」「質問してもらって回答する形で説明しよう」などと、被曝との因果関係がない前提で、いかに安全・安心をアピールするか話し合った。

会議では公開の検討委員会で話す内容を話し合っていた。「進行表」と呼ばれる本番のシナリオを作成し、触れてはならない事柄まですり合わせていた。

除染や被災者支援、地域復興など原発事故後の課題について、国や自治体の幹部が話し合う会議のほとんどは非公開で、決定をアピールするセレモニーだけを公開しているのが実情だ。それも決して是認はできないが、検討委員会の前に開いていたのはただの非公開会合ではない。

会議の存在自体を隠していたうえ、公開の検討委員会で何を話し合い、何を話し合わないのかを打ち合わせていたのだ。県民、被災者を「欺く」ための作戦会議と言っても過言ではなく、「秘密会」と名付けるほかなかった。

県の隠蔽《いんぺい》ぶりは尋常ではなかった。第3回検討委員会（11年7月17日）までは1〜2週間ほど前に「秘密会」を開いていたが、そこで配布した資料を基に朝日新聞が報道すると、情報漏洩を防ぐため検討委員会当日に開くよう変更した。

その他にも、報道陣に開催を察知されないよう突然会場を変更したり、秘密会の会場を表示しないよう職員に指示までしている。

隠蔽としか思えない行為をすべて認めながら、県は「隠したつもりはない」と言い張った。明らかに苦しい説明だが、隠蔽の意図を認めてしまえば、目的は被害の矮小化以外に考えられず、信頼が回復不可能なまでに瓦解すると恐れたのだろう。

それにしても、発覚から3年半が経っても「秘密会」に言及しているのを見ると、失墜した信頼は回復していないと県側も考えているのだろう。

この調査への不信を考えるとき、筆者にはいつも思い起こす出来事がある。14年4月に福島大学で開かれた第2回「原発と人権」全国研究・交流集会の分科会に、筆者はパネリストとして参加した。傍聴席には秘密会の報道後に検討委員に就任した福島大の清水修二教授がいた。

パネルディスカッション終了後の質疑応答で、清水氏は筆者をこう責め立てた。

「あなたの報道で調査の信頼は地に墜ちた。あなたはこの調査が必要だと思わないのか」

清水氏は地方財政の研究者で、地域社会を歪める「原発マネー」の罪深さを事故前から厳しく指摘してきた。

筆者が十数年前、福井県敦賀市で駐在記者をしていたころ、不透明な寄付金や電源三法交付金について、正鵠を射るコメントを幾度もしてくれた。その清水氏から思わぬ批判を受け、内心激しく動揺した。

だが真っ当な批判とは思えなかった。世界史に記録されるであろう巨大な原発事故で健康調査が公正に行われていなければ、追及するのは当然だろう。ましてや結論ありきで秘密謀議がされているのを知りつつ報道しない、つまりは目をつぶるというのはありえない。そう反論したのを覚えている。

甲状腺検査はどのようにして行われているか

福島県の甲状腺検査は県民健康調査の一部として実施されているものだ。対象となるのは事故当時、県内に住んでいた18歳までの子ども約36万人（後に2012年4月1日生まれまで対象者を拡大し38万人になった）。

IAEAなどの国際機関がチェルノブイリ事故後の被曝による住民の健康被害として唯一認めたのが小児甲状腺がんだったからだ。

被害と認められたのは事故から10年後だった。本来、甲状腺がんは高齢女性に多い。子ども、特に男児の患者が見つかることは極めて希で、人口100万人に一人か二人とされる。それが数千人規模で見つかったため認めざるを得なかったのだ。

甲状腺がんは原発事故で漏れた放射性ヨウ素を取り込んで生じるとされる。代表的核種であるヨウ素131の半減期はわずか8日で、事故初期の被曝が作用すると考えられている。

甲状腺検査は11年10月9日、福島県立医大で開始した。避難の遅れなどから初期被曝が高いとみられる飯舘村、浪江町、川俣町山木屋地区の子どもたちから始め、同年11月からは県立医大の医師や検査技師が県内各地の学校や公民館などに出向く形になった。

11年度は避難指示区域を中心とした原発に近い13市町村、12年度は福島市や郡山市などの中通り地域を中心とした12市町村で、残るいわき市や会津若松市などは13年度に実施した。

2年半かけて県内を一巡し、14年度から二巡目に入った。

ただ、これは甲状腺を超音波で調べる一次検査で、これだけではがんを判別できない。

一次検査で、水分の入った「のう胞」としこりである「結節」の有無を調べ、一定以上の大きさがあるものが見つかった場合は二次検査に進む（図1）。二次検査では血液検査やしこりに針を刺して細胞を検査する「穿刺細胞診」などを行い、がん発症が疑われる場合は切除手術を受けることになるが、これは行政の検査ではなく通常の医療行為となる。

前述したとおり、筆者は12年10月に「秘密会」を報道した後、県や県立医大に情報公開請求を繰り返した。初報まで請求を控えていたのは、取材の狙いを悟られ、隠蔽されるのを恐れたからだ。

開示された膨大な公文書の中で、特に甲状腺検査の理解に役立ったのは、「秘密会」報道を受けて県

図1：甲状腺検査のスキーム図

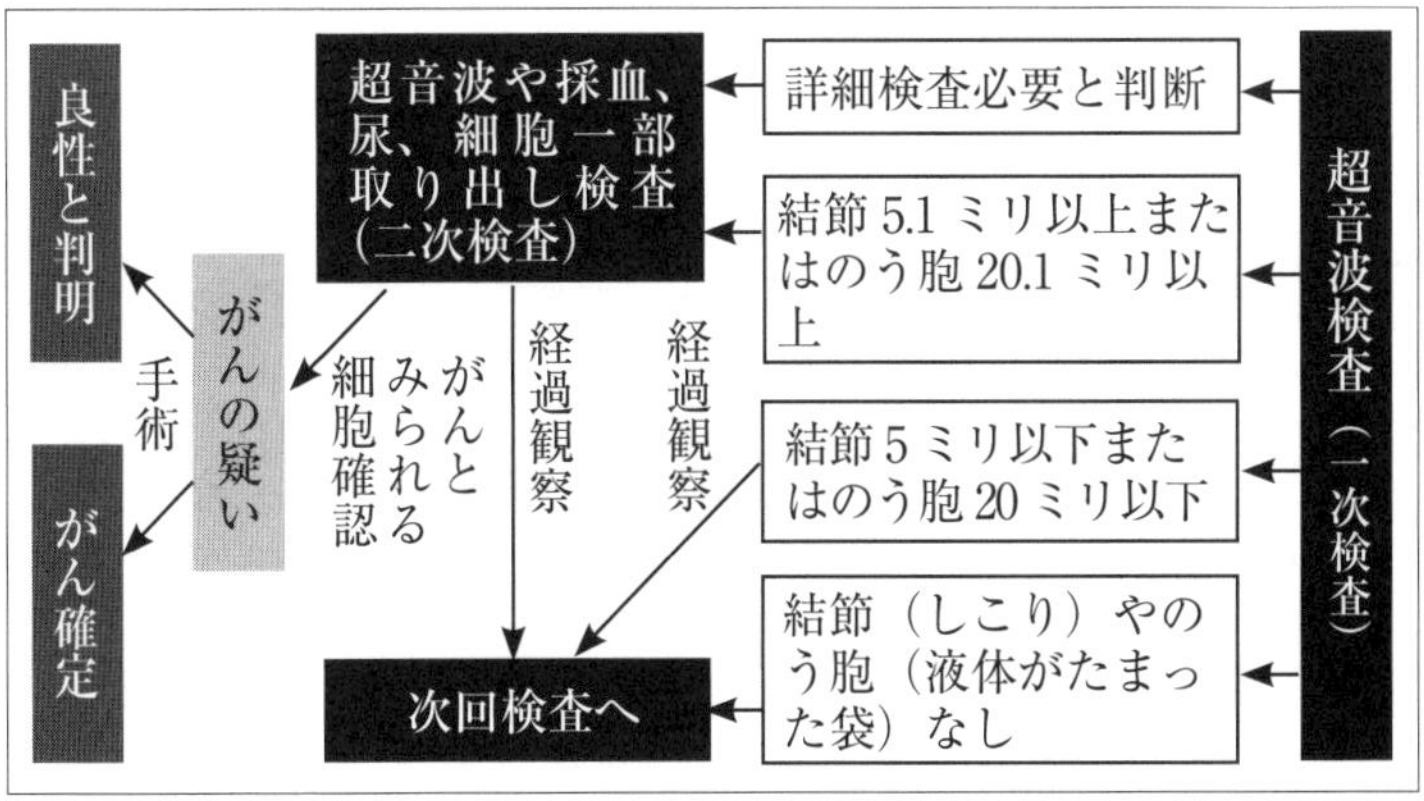

が実施した内部調査の資料と、県立医大内でほぼ毎週開いていた「甲状腺検査専門委員会」の会議録と配布資料だった。

それでも黒塗りされた非開示の範囲は広く、わずかな記述を糸口に関係者に直撃取材することで補うしかなかった。だが元々公表されている範囲があまりに狭かったこともあり、小さな疑問が一つ一つ解けるたびに新鮮な驚きがあった。

検査がスピードアップした理由

甲状腺検査は事故後の早い段階から検討が始まっている。

情報公開で開示された「ふくしま健康調査（仮称）フロー（案）」と書かれた1枚のフローチャートがある。右上には2011年5月23日と日付が印字され、少し不明瞭だが「安村教授」と手書きされている。福島県立医大の安村誠司教授を指すと思われる。

「甲状腺エコー検査」の項目を見ると、開始時期を「11年9－12月?」、対象を「15歳以下の小児（県内全数対象約28万人）」と記載。そのすぐ下には「1／10抽出で甲状腺モニターを実施」と付記されていた。一方、さらに下にある「14年」のところにも「甲状腺エコー検査15歳以下の小児（県内全数対象約28万）」と記載されていたが、こちらには「1／10抽出」と書かれていない。

また「5・26」と日付らしき数字が手書きされた「県民健康管理調査第1回検討委員会における「最終整理」（案）」という文書を見ると、甲状腺検査について、「いつ頃実施が適当か?」「↑期間をおいて取り組む理由　甲状腺チェックには、観察期間が必要であるため」と記載されている。

これは、被曝による甲状腺がんが発生したとして、検査で発見できるまでには期間がかかる認識を示したものと思われる。

その後、作成された公文書を読むと、県全体の子どもを対象にする前提で、検査の速度と必要なマンパワーを具体的に検討していった経過がうかがえる。

「甲状腺検査に関して」と題した4ページの文書には「エコー検査は検査者一人当たり1日100名が限度　年間300日施行したとして、1日最低10名の検査者を必要とする」と書かれていた。題の右側には「鈴木（真）」、「6／12」と手書きされている。11年6月12日にあった第2回「秘密会」で作成され、県立医大の鈴木眞一教授が関与したものと思われた。

この約1カ月後に作成されたと見られる文書にも同じ趣旨の記載があった。「福島県民健康管理調査　平成23年7月13日（第5版）」と書かれた1枚の文書だった。こちらにも題の右側に「7・15」と手書きされていた。

この二つの文書は文字の体裁が同じだ。これから何度も取り上げるので、便宜的に「6月12日文書」と「7月13日文書」と名付けることにしたい。

福島県が甲状腺検査の実施方針を公表したのは11年6月18日の第2回検討委員会（非公開）終了後の記者会見だった。そして7月24日の検討委員会で、事故当時18歳以下を対象に、14年3月までに一巡目の検査（先行検査）を実施し、その後は二巡目（本格検査）に入るという検査の概要を明らかにした。

検査速度の問題は、その後も検討委員会や秘密会でたびたび言及されている。

公開された第4回検討委員会（11年10月17日）では、鈴木教授が「医大スタッフが中心になって5班を形成して出張検査をする。1日1班あたり100人、5班で500人実施する」と述べた。1班で1日100人という基本ペースがうかがえるが、それに対して、出席者からは「3年は長すぎる」「もっと早くできないか」など、急かす声も上がっている。

ところが、検査開始後の第5回「秘密会」（12年1月25日）会議録では、鈴木教授が「今は1日900人実施している。単純なシステムを開発した」と誇らしげに語る場面が出てくる。だが、1日あたり400人も多く検査できるようになった理由は記載されていない。

筆者は13年3月17日、いわき市内の雑居ビルにあるNPO法人「いわき放射能市民測定室たらちね」を訪れた。寄付で購入した最新の検査機器を使い、独自に実施している甲状腺検査の取材が目的だった。

チェルノブイリでの診察経験もある島根大の野宗義博教授が、子どもの首に当てた機器の端子を少しずつ動かし、傍らにあるモニターの画面上で異常がないかを確かめていた。

一人の検査にかける時間は4〜5分ほどだった。検査が終わるとすぐに画像を印刷し、心配そうに見つめていた母親に手渡す。「良かったですね。異常はありませんよ」と説明する。それでも「本当に大丈夫でしょうか?」と不安を訴える母親がいると、野宗教授は嫌がることなく丁寧な説明を続けた。

翌日は郡山市内に移動し、結婚式場を借りて実施していた県の甲状腺検査(一次検査)を取材した。午前9時の開始前から、100人近い親子連れが既に詰めかけていた。

会場には白いカーテンで周囲を覆った5つのブースが設置されていた。ブースの中には検査機器が置かれ、子どもたちが入れ替わりながら検査を受けていく。手元で計測すると、一人あたりの検査時間は2〜3分ほどだった。

県立医大の広報担当者に尋ねると、この日は6時間で753人の検査を予定しているという。「5班で1日500人」の基本ペースよりかなり多い。どうやら検査速度をアップできた理由は子ども一人一人にかける検査時間の短縮にあると見込んだ。

観察項目の簡略化

情報公開請求で入手した福島県立医大内の「甲状腺検査専門委員会」の配布資料の中に、大きく「×」や横線が引かれたパワーポイントの資料があった。それは鈴木教授も策定にあたった『甲状腺超音波診断ガイドブック』（南江堂）を基に、一次検査のマニュアルを作成するための資料だった。

ガイドブックを見ると、甲状腺全体の観察項目には「甲状腺の形状」「大きさ」「甲状腺の内部変化」「血流の状態」の4つ。また結節性甲状腺腫の観察項目には「甲状腺結節（腫瘤）超音波診断基準に基づく」「周辺臓器との関係」「腫瘤内・外の血流状態」「組織弾性イメージング（エラストグラフィ）」の4つが記載されていた。

一方、資料を見ると、このうち甲状腺全体の方では「甲状腺の内部変化」と「血流の状態」、結節性甲状腺腫の方では「腫瘤内・外の血流状態」「組織弾性イメージング（エラストグラフィ）」の上に横線が引かれ、さらにそれぞれの項目を詳しく説明するページには大きく「×」が書かれていた。

超音波検査に詳しい医師に聞くと、がん細胞は成長が早いため血流が盛んで、のう胞の中に発生することがある。しかしモニター画面は通常モノクロでのう胞と血流を厳密に区別できないため、疑わしい場合には「カラードプラー」と呼ばれるカラー画面に切り替えて調べる。また、がんは他の組織に比べて硬く、それを確かめる機能がエラストグラフィなのだという。

完成後の検査マニュアルを見ると、横線や「×」が引かれた項目がなかった。一方で「結節がある場合は（カラードプラーに切り替えて）血流と動画を必ず保管する」と書かれていた。

検査速度を上げるため、観察項目の一部を省略しているのは明らかだった。一方、鈴木教授は説明会などで、自身も策定に関わったガイドブックを示し、精度の高さをアピールしていた。

鈴木教授に直接真相を問い質すしかなかった。しかし「秘密会」問題を皮切りに調査報道を続けていたことで、福島県や県立医大は警戒を強め、このころには筆者が取材を申し込んでも、なかなか応じなくなっていた。

2013年3月24日、筆者は会津若松市の会津大学で開かれた甲状腺検査の説明会を訪れた。鈴木教授への直撃取材が目的だった。事前に連絡はしておらず、あえて説明会の開始直前に受付を済ませ、会場になっている講堂に入った。席に座ると急いで眼鏡とマスクを着けた。数人の職員が演台の前を歩き回り、誰かを探している様子が見えたからだった。

2時間ほどで説明会が終わると、筆者はマスクを外し、演台にいた鈴木教授に駆け寄った。

――鈴木先生、毎日新聞の日野です。

「おお、気づかなかった。眼鏡かけていたんだね」

――観察項目から血流とエラストグラフィを削ってますよね。

「それは二次検査でやるようなもので、一次では必要ない」

――あえて外す理由は何でしょうか。スピードアップのためですか。

「スピードアップだ。簡潔にしている。今回のマニュアル用に削った」

――1日900人できるようになったというのは、これが理由ですか。

「そうだ。普通の検査というのは、甲状腺だけではなくて、首にあるもの、ホルモンの高低も含めてすべて見る。丁寧に見るとすごい時間がかかる」

――これまで観察項目を削っていると明らかにしていましたか。

「いや、今までこれは見せてない」

――精度が高いと言うのと矛盾していませんか。

「(矛盾)しない。気づいたのはさすがだが、あなたは医者じゃないからだ」


激しいやり取りが続く間、県立医大の広報担当者が苦々しげにこちらを睨んでいるのが見えた。数日後、彼から1本のファックスが毎日新聞社に届いた。「検者と事務職員の習熟度が上がったことで検査のスピードがアップした」と書かれていた。鈴木教授の説明を修正する意図と思われた。

県立医大が評価を独占

ここまで読んだ方はきっと疑問を抱くことだろう。スピードアップしたいのであれば、福島県立医大だけで実施せず、例えば地域の病院や診療所に検査を委託するなどして、医師や技師を増やせばよいのではないかと。

確かに2012年以降、例えば子どもが避難先でも検査を受けられる県外実施病院は次第に増えていった。しかし情報公開請求で開示された文書によると、指定を受けるには、検査結果を子どもや親に説明せず、画像などのデータをそのまま県立医大に送るのが条件とされていた。つまり評価は県立医大が独占する条件だった。

それでは検査の評価、つまりはA〜Cの判定を誰が、どのようにしているのか。甲状腺検査を集中的に取材していた13年初め、公表された資料をすべて見渡しても、答えは見つからなかった。

鈴木教授が委員長を務めていた県立医大内の「甲状腺検査専門委員会」の会議録の中にヒントがあった。前述したとおり、これも情報公開請求で入手したものだ。

この当時、甲状腺検査を巡って最も論議を呼んでいたのは検査の画像とレポートの開示問題だった。一次検査の結果はA1からCの判定結果が後日届くだけで、個別の評価や説明は伝えられない仕組みだ。

疑念を抱いたある母親が12年6月、個人情報保護条例に基づき福島県に長女の検査画像とレポートの開示を請求したことがきっかけになった。翌月に開示されたが、「改ざんの恐れがある」としてデジタル画像は渡されず、コピー用紙に印刷された不鮮明な画像だけだった。

この問題は県内だけでなく全国紙でも報道され、県と県立医大の閉鎖的な姿勢に疑念が広がった。

専門委は当時、ほぼ毎週1回開かれており、会議録によると、母親からの開示請求書も提示された上で、話し合いが繰り返されている。請求者が記者会見を開く予定があるかを出席者たちが気にしているくだりもあり、母親の要望に誠実に応えるよりも、批判されない程度に開示範囲を限定したい観点で検討していた。

対応策として決まったのは、開示請求を受けた症例はすべて判定委員会であらかじめ検討することだった。

判定委員会とは、鈴木教授ら専門医が毎週木曜の夜に2時間ほど集まり、画像やレポートを検討して判定結果を出すものだった。ただ、時間は限られており、すべての症例は検討できない。検討するのは「A2」か「B」かを迷う案件で、1回100件ほど（後に改めて問い合わせると、300～400件と修正する回答があった）だった。にもかかわらず、請求を受けた症例は全て、既に判定済みの場合は改めて、未判定の場合は前倒しして判定委員会にかけるというのだ。

なぜ、そこまでする必要があるのか。会津大学での鈴木教授への直撃取材ではこのことも尋ねている。

「写真として外に出るので、誤解を招く写り方をしていないか、どういう風に見えるのか、事前に見ておかないと。写真を持ってよそ（の医者）に行くということがあるので」

鈴木教授はそう答えた。何が問題なのか、にわかに理解できなかった。「誤解」というが、医療において患者がセカンドオピニオンを得るのは当然の権利のはずだが、それが望ましくないというのだ。


一連の取材からは、県と県立医大側のある姿勢が浮かび上がる。36万人もの対象者を2年半で一巡するには検査体制を拡充すればよいはずだが、そうなると評価の独占が難しくなる。逆に言えば、評価を独占する前提を崩さず、2年半で一巡するには、一人一人の検査をスピードアップするしかなかったのだ。

再び甲状腺検査に向き合う

観察項目の削除によるスピードアップと評価の独占については、２０１３年9月に出版した拙著『福島原発事故　県民健康管理調査の闇』（岩波新書）でも指摘した。

筆者はそれ以降、健康調査の取材から距離を置いていた。国による形ばかりの自主避難者支援や、住宅無償提供の打ち切り問題の取材を通じて、原発事故による健康被害（の評価）もさることながら、国による恣意的な事故処理がもたらす民主主義社会への被害に関心が向いていたからだ。

再び向き合うきっかけになったのは、ロシア研究者の尾松亮さんからの相談だった。15年10月21日の夜、東京・赤坂にあるホテルの喫茶店で尾松さんと会った。尾松さんはこのころ、チェルノブイリと福島という二つの原発事故について自由な立場で意見を発信しようと、国会議員の政策スタッフの仕事から退く意思を固めていた。

本書の共著者でもある尾松さんは、チェルノブイリ原発事故の国家補償法、いわゆるチェルノブイリ法を日本に紹介し、12年6月に全会一致で成立した議員立法「子ども・被災者生活支援法」を生んだ人だ。

この日、尾松さんが持ち込んできたのは、チェルノブイリ事故25年後に出た「ロシア政府報告書」の要約だった。

被災地であるウクライナ、ベラルーシ、ロシアの3カ国は11年、それぞれに政府報告書を発刊した。小児甲状腺がん以外にも幅広い健康被害を認めた「ウクライナ政府報告書」は日本でも関心を集めた。

しかし内容が保守的とされる「ロシア政府報告書」はほとんど見向きもされず、「被曝よりも避難によるストレスなどの方が大きな被害をもたらしている」とした結論部分だけが和訳され、福島原発事故では被曝による健康被害は起こりえないとの立場を取る日本の研究者が自著で引用していた。

尾松さんが着目したのは、甲状腺がんについて、日本で流布されている「知見」とは異なる記載の数々だった。特に事故翌年から増加が見られるとの記載に衝撃を受けたという。「ロシア報告書は読むところがないと思っていた。でも、そうではなかった。チェルノブイリの知見とは何か、もっと検証する必要がある」

これをきっかけに、自分が取材を離れていた間の経過をたどった。患者数は増加を続け、第24回検討委員会があった16年9月14日時点では、未手術の疑い例も含めて174人に達した。

このうち115人は一巡目の「先行検査」で見つかった。前述したように、「チェルノブイリでは4、5年後以降に患者が増加した」とする知見を基に、13年度までに実施された一巡目の「先行検査」を「バックグランド」の状態と位置づけている。これは被曝の影響によるものではなく、事故前からあるがんを見つけているものと、調査を始める前から決めていたものだ。

しかし通常は「100万人に一人か二人」とされる甲状腺がんの子どもが次々に見つかると、「本当は被曝によるものではないか」「4年より早く増加しているのではないか」と、疑問の声が上がった。

これに対して、福島県や県立医大側は、通常は実施していない検査を集団全体に実施したことで見つかったとする「スクリーニング効果」や、放置しても無害ながんを見つけているとする「過剰診断」だとする説で反論。多発の原因を被曝の影響と認めていない。

先行検査への疑問

事故から3年間で県内を一巡する「先行検査」が混乱の原因になっているのは明らかだった。事故前からあるがんが見つかったにすぎないと主張する根拠は、検討委員会の座長だった福島県立医大の山下俊一・副学長（現・長崎大副学長）や鈴木教授らが紹介してきた「チェルノブイリでは事故から4、5年後に増加した」とする知見しかない。

しかし、チェルノブイリ事故の直後は網羅的な甲状腺検査が行われていたわけではない。また、本当は事故後3年間で増加していたとすれば、先行検査で見つけたものを全て事故前からあったことにすることで、事故の被害を矮小化することになりかねない。

さらに、福島市や郡山市、いわき市など、放射線量が低いとして、事故2～3年度の検査に回された自治体も、放射性ヨウ素を中心とする初期の放射線量は事故前の数百倍のレベルに上った。これを「被曝の影響がない地域」と断定してよいのだろうか。

県民健康調査について集めた資料を読み返すことにした。混乱の原因になっている「先行検査」の枠組みがどのように決まったのか、以前と違う視点で読んだとき新たな発見があるかもしれないと考えたのだ。

目に付いたのは、前述した「6月12日文書」と「7月13日文書」だった。

「6月12日文書」には次頁**表1**のような記載があった。将来的に多発する可能性をふまえ、まだ被曝の影響がないと思われる初年度の検査や低線量地域での検査を実施し、3年後から始める本格検査との患者数を比較する疫学調査の必要性を指し示しているのだ。

11年6月12日に県立医大であった第2回秘密会については、「関係者ミーティング復命」と題した1枚のペーパーも開示されていた。「甲状腺」の欄には「3年後でいいが、まったくやらないわけにはいかない（山下）」とあった。

しかし、これ以上の記載はなく、詳しい検討の中身は不明だ。

また「7月13日文書」は次頁表2のように書かれていた。子どもの甲状腺がん患者は「100万人に一人」と言っても、網羅的な検査がされているわけではない。被曝影響の有無を確かめるには、時間と空間を

表1：2011年6月12日文書

B. 甲状腺音波検査
3年後からの本格実施予定
初年度にどの程度存在していたか、すなわちバックグランドとしての検討をする必要があるか
1. 高線量の地域と低線量の地域での発生頻度の比較も必要（3年後に比較しても同様か）
［中略］
5. パイロット的に行うとしても低線量地域のコントロールが必要となる。

問題点
初年度の検査はどこまでにするか
小児甲状腺がんの危険性が高いことが県内に知れ、不安を招くか

隔てて患者数を比較する対照調査の必要性を認識していた。

「7月13日文書」にある「初年度先行調査」と「2−3年度全体調査」を合わせると「先行検査」になる。

被曝によるがんの成長期間を考え、事故初年度の調査だけを被曝の影響がない「バックグラウンド」と位置づけるのはまだ理解できる。3、4年後に同じグループを検査し、その間の変化を見ることで、被曝の影響を確かめることにもつながる。

だが2〜3年の調査を被曝の影響がない「バックグラウンド」としてよいものだったのか。その根拠は「チェルノブイリでは4、5年で増えた」とする評価しかない。

また低線量地域での調査、つまり空間的な対照調査も実現したとは言い難い。環境

表2：2011年7月13日文書

1. 初年度先行調査 目的　甲状腺がんの発生があったとしても発症は5年後以降であり、未だ放射線の影響がないバックグラウンドを、将来発生の可能性が否定できない高線量地で調査する コントロールとして、生活環境が近い低線量地域を含める 合わせて、本格調査に向けての課題を明らかにし、体制を整備する 対象　国指定地域＋初年度調査地区（浪江、飯舘、川俣）の18歳以下の小児約40000人 ［中略］ 2. 2-3年度全体調査 目的　福島県の18歳未満（←手書きで「以下」と訂正）の全小児について（初年度調査対象者を除く）、放射線がないバックグラウンドを2カ年で調査する

省は12年11月、青森県弘前市、山梨県甲府市、長崎市で3〜18歳の4865人を対象に大学への委託調査を実施した。ただ福島の一次検査でA2（基準を下回るのう胞や結節がある場合）と判定を受けた子どもを持つ母親の不安を鎮めるのが目的とされ、当初は一次のエコー検査で留める予定だった。しかし福島で小児甲状腺がん患者の発見が相次いだため、13年8月になって、B判定以上の44人を追加調査する方針を明らかにした。

環境省は14年3月、一人が甲状腺がんと確定したことを発表した。しかし、そもそも福島の甲状腺検査に比べて規模が小さすぎ、対照調査と言えるほどのものではない。

「なるべく被害を見えなくする制度設計」

つまり、この「先行検査」は最初から被曝の影響が見えにくいよう制度設計をしているのではないか。そんな疑問を抱いた。

甲状腺検査の概要は2011年7月24日の第3回検討委員会で明らかにされた。当時の公表資料にはこう書かれている。

（1）先行検査：11年10月から14年3月までに対象（事故発生時18歳まで）の全県民に検査

（2）本格検査：14年4月からは2年ごとに検査。20歳以降は5年ごとに健診チェルノブイリで唯一明らかにされたのが、放射性ヨウ素の内部被ばくによる小児の甲状腺がんの増加だった。チェルノブイリでは事故後4～5年後に甲状腺がんの増加を認めたことから、安全域を入れ3～4年後からの18歳以下の全県民調査を予定しています。基礎知識として、放射線の影響がない場合でも、小児甲状腺がんは年間100万人あたり1、2名程度と極めて少ない。現時点での子どもたちの健康管理の基本として、甲状腺の状態をご理解していただくことが、安心につながるものと考えております。そのため本年度から甲状腺超音波診断の先行調査を開始することとします。

被曝の影響の有無を調べる視点で考えた、現行の甲状腺検査は何が問題なのか、また設計段階でどのようにすべきだったのか、独立した立場で分析を続けている研究者らに「6月12日文書」と「7月13日文書」を見てもらった。

福島県の甲状腺検査において、がん患者が20～50倍も多発していると指摘する疫学の専門家、津田敏秀・岡山大教授は「彼らは本当にチェルノブイリでは4年後以降にしか増えていないと思い込んでいるのではないか」と指摘する。つまり「悪意」ではなく「無知」による誤りだという。

被曝の影響がない低線量地域での対照調査については、「福島県以外でしか（データ）を取り得ないが、県立医大の権力が及ばないところになる」と答えた。それでは、県内の線量が高い地域と低い地域で比較するしかない現行の検査は不適切なのではないか、そう尋ねると、津田氏もうなずいた。

「私もそう思う。特に今となっては。この検査の枠組みはすべてが雑で、放射線の影響かどうかを確かめられるものになっていない」

疫学的な視点で言えば、時間的、また空間的に比較する対照調査を事前に明確にしていないことが問題だ。津田氏もそう指摘してきた。それではどうすればよかったのか。明快な答えが返ってきた。

線量の低中高で県内を3分割したうえで、さらにそれぞれ3分割、つまり9分割して低中高を同時に検査していけば、同じマンパワー、同じ時間軸で比較できるというのだ。

「彼らは疫学を知らない。最初から間違っていたのに、正しいと言い続けて泥沼にはまっているのだ」

次に見解を尋ねたのは、神戸大学の牧野淳一郎教授だった。牧野氏は天文学者だが、その知識を基に甲状腺検査の分析を続けている。岩波書店の月刊誌『科学』で「3・11以後の科学リテラシー」を連載し、15年3月には『被曝評価と科学的方法』(岩波科学ライブラリー)を刊行している。

牧野氏は二つの文書に強い関心を示し、「被害が出ても、なるべくノイズ(雑音)が大きくなるよう、つまりなるべく分からないように制度設計をしたとしか思えない」と独特な表現で感想を明かした。「先行検査」の枠組みによって被害が分かりにくくなっている、という認識は津田氏と同じだが、二つの文書の記載から牧野氏は「作為的に分からないようにしているのではないか」と感じたようだ。

牧野氏が着目したのは、「6月12日文書」の「小児甲状腺がんの危険性が高いことが県内に知れ、不安を招くか」と、「7月13日文書」の「コントロールとして、生活環境が近い低線量地域を含める」という2カ所だった。「ある程度の被害が発生することを予測し、低線量地域での対照調査が必要であることを認識していたのだろう」と推察した。

しかし、実際には低線量地域での大規模な対照調査は実施されていない。確かに被曝の影響の有無を調べるという科学的な面からは必要としても、調査を受けるメリットがないという倫理的な問題が生じるため、実現は難しい。

それではどうすればよかったのか、牧野氏にも同じ問いを投げ掛けた。奇しくも津田氏とほとんど同じ答えだった。

「県内を一巡するのにどうしても3年間かかるとすれば、初年度から被曝量が多いところと、そうでないところを同時に始めないといけない。そんなことは誰でも分かる」

特に先行検査については、検査時期が遅くなることで、年齢が上がり、被曝の影響も増える効果が生じる。

牧野氏は恐ろしい疑問を口にした。

「本当に4、5年後まで増えないと思っていたなら、最初の3年間はどういう順番でやってもいいはず。なぜ被曝量が多いところを1年目、少ないところを2～3年目にしたのだろうか。後に回すと（その間に）年齢が上がって甲状腺がんが増えるし、被曝の効果も当初の検査よりも大きくなる。結果的に地域間の差は見えにくくなる。つまり、被曝量の違いによる差が見えにくくなる」

当たり前のことだが、検査時期が遅れるほど、対象の子どもはその間に年齢を重ねる。仮に被曝の影響でがんが発生すれば、遅れるほど増えていき、初年度と2～3年度で差が見えにくくなるということだ。

その言葉を聞き、筆者は3年前の取材を思い起こした。県と県立医大はそれまで、患者が見つかった市町村名すら頑なに公表を拒んでいた。しかし、NPO法人「情報公開クリアリングハウス」の情報公開請求を受けて、県は13年1月、市町村別の一次検査結果を明らかにした。県の情報公開条例で非開示にする理由がなく、開示せざるを得なかったのだろう。

また、その後は市町村別がん患者数も明らかにするようになった。県と県立医大は現在、「患者数に地域差は見られない」と強調している。

「これ以上の回答は控えたい」

筆者は2016年8〜9月、甲状腺検査の制度設計を主導した山下俊一氏と鈴木眞一氏に対して二度にわたって取材を申し込んだ。これまで山下氏には2回ほどインタビュー取材をしたことがあるが、その後の経緯から二人が取材に応じる可能性は極めて低いと考えていた。実際、この約半年前にもチェルノブイリの知見をどう検討したのか二人に尋ねようと取材を申し込んだが、多忙を理由に断られた。筆者以外の記者によるインタビュー記事はしばしば見かけてきた。避けられているのは明らかだった。

やむなく「6月12日文書」と「7月13日文書」を添付した質問状を長崎大と福島県立医大の広報に送った。二つの文書の記載を踏まえ、低線量地域での比較調査の必要性を認識しながらなぜ実施しなかったのか、なぜ線量が低い地域と高い地域を同時に検査しなかったのか、などと尋ねるものだった。

返ってきた答えは極めて短く、ぞんざいとしか言いようのないものだった。山下氏は「県立医大で答える」として質問に答えず、2回目の質問状には反応すらなかった。

一方、県立医大の広報からの回答には、「2通の書類は性格が異なる。「甲状腺検査に関して」(=6月12日文書)は、議論の手がかりとなる情報を検討メンバーに共有する為の資料で、もう片方(=7月13日文書)は議論のメモです」と、尋ねてもいないことが書かれていた。

また低線量地域との比較調査の必要性など、質問で引用した部分については、鈴木氏の作成であることを否定した。しかし誰が作成したかは明らかにしなかった。さらに肝心の質問に対しては、「これ以上の回答を控えたい」と一切答えなかった。

もはや二人は検討委員会に出席しなくなり、記者会見で質問することもできない。二人は以前「子どもたちの健康を長く見守る」と繰り返していた。あれは一体何だったのだろう。

16年9月14日、福島県庁の隣にある杉妻会館で第24回検討委員会が開かれた。この日は後方の傍聴席に陣取る新聞やテレビ局の記者、フリージャーナリストの人数が多いように見えた。

数日前から、福島の地元紙や放送局が星北斗座長のインタビューを基に甲状腺検査の「縮小」に向けた議論を始めると報じていたためだ。

会議に入ると、星氏が提案する前に、一部の委員がこの問題に言及した。

清水修二委員は「中間とりまとめで被曝の影響が考えにくいとしたのは、あくまで一巡目（先行検査）の

右から鈴木眞一氏、山下俊一氏（2013年2月13日）

結果についてで、二巡目（本格検査）については何も評価を下していない。これからというときに縮小案が出るのはフライングではないか」と切り出した。

外科医で甲状腺の専門家である清水一雄・日本医科大名誉教授が「同じ意見だ。これから検査をしっかりやらないといけないときだ」と同調すると、会場から拍手が起きた。星氏は「私は「縮小」とは言っていない」と釈明した。

二人が疑問視したのは、既に始まった三巡目の一次検査を対象者に知らせる同意書の「見直し」案だった。これまで「同意する」しかなかったチェック欄に「同意しない」を加えるという内容で、この日の配布資料によると、加えた同意書の送付が既に始まっているようだ。

確かに「当人の意思を尊重する」と言えば聞こえはよいが、検査を実施している当の組織から「受けなくてよい」と言われて、あえて受ける人がどれほどいるだろうか。検査「縮小」の意向が垣間見える。

清水修二氏が「これは検査の信用に関わる問題だ」と激しい口調で反対すると、多くの委員たちがこれに同調し、「縮小」案は具体的に審議されないまま会議は終わった。

だが、考え方を改めたわけではないようだ。終了後の記者会見で、同意書の文言を改めて修正するかを問う質問が挙がり、県の小林弘幸健康調査課長は「検討したい」と答えたが、修正を明言しなかった。16年12月27日の第25回検討委員会では、修正のない同意書が配布された。

母の悔しさ

深刻な事故を起こしてしまったのは事実なのだから当たり前の責任を早く取ってほしい。親は怒り、自責の念でいっぱいです。

検査を行った事は悪化することも想定していたはずです。

結果・解析にかかわらず、最後まで責任を持ち、将来に関するすべてを賄うべきです。

差し出されたノートの1ページには、彼女が抱いてきた思いが強い筆致で書き出されていた。

2016年9月中旬、福島県内のショッピングセンター内にある喫茶店で、甲状腺がんが見つかった長男を持つ母親と面会した。この日は休日で、午後の喫茶店は多くの家族連れで賑わっていた。

彼女と会うのは久しぶりだった。渡されたノートを読むと、以前よりも怒りや悔しさを明確に表現しているのが分かった。

メディアの取材を受けていることを夫と長男に明かしたことはない。「何でそんなことを話すんだ」と非難されそうだったからだ。

夫は以前「前々から（がんが）あったのだろう」と話し、「被曝が原因とは考えられない」とする福島県立医大の説明に従順だった。だが、主治医の態度は尊大で、「こんなの心配ない。俺の言うことを信用しろ」などと、常に一方的な物言いだった。夫は主治医の説明に納得したのではなく、権力や権威の言葉を否定するなど思いもつかないのだ、と彼女は見ている。しかし、甲状腺がん患者が次々と見つかっていくのを見て、夫も次第に被曝が原因ではないかと疑うようになったという。

検査でがんが見つかったころ、長男は運動部で活躍しており、いよいよ集大成という大事な時期だった。しかし長く休まざるを得なくなり、「俺はどうでもいいんだよ」と投げやりな態度になった。家中の物に当たり散らし、ふすまや障子は穴だらけになり、「お母さんが悪いんだ」と手を上げたこともあった。

そんな態度になるのも仕方がない、と彼女は感じていた。手術後3カ月間は大量の薬を飲み続け、半年に一回は学校を休んで検査も受けなければならない。採血して検査結果が出るまでは2〜3時間かかるため、病院の廊下で母子二人無言のまま診察を待ち続けてきた。誰にも打ち明けられないみじめな時間だった。

しかし、長男も最近は、患者が増え続けているにもかかわらず、県や県立医大が「被曝が原因とは考えられない」と姿勢を変えないのを見て、「何かおかしいよね」と疑問を口にするようになった。

ノートに書かれた最初の一文を見て、「被曝が原因と認めてほしい、ということか」。そう尋ねると、彼女はしばらく考え込んだ後、わずかに首を振った。

「親としては認めさせたい。でも息子が一生「被曝者」の看板を背負うのは嫌かな。結婚、子ども、息子の人生の選択肢を狭めるかもしれない」

複雑な親心が垣間見えた。「それでは、どうしてほしいのか」と、率直に問いかけてみた。

「原発が深刻な事故を起こして、子ども全員が検査を受けることになったわけでしょ。それなら、がんが見つかった子どもが「迷子」にならないようにしてほしい。学校に行って、就職できて、生命保険に入れて、差別を受けないようにするのは責任じゃないんですか。今の状態は無責任すぎる。「線量が低い」とか「まだ5年経ってない」とか言うけど、そんな説明は要らない。そもそも、がん患者が出るかもしれないと想定して検査を始めたんじゃないんですか。今は見捨てられているようにしか思えない」

第2章 歪められたチェルノブイリ甲状腺がん

尾松 亮

否定される事故と甲状腺がんの因果関係

「チェルノブイリの甲状腺がんは本当に検討委員会の言っている通りなんですか」
「甲状腺がんが増加していることは、もう認めざるを得ないでしょう。でも福島県はチェルノブイリがどうだこうだって、その論拠にしがみついてるんですよ」

筆者はチェルノブイリ被災者の保護制度を調査している関係で、ジャーナリストたちから「チェルノブイリ」について、色々と質問を受けることがある。2015年の5月頃から、福島県内で取材するジャーナリストたちから、甲状腺がんについての質問を多く受けるようになった。

当時、新聞もテレビも社会問題としては、審議中の安保法制一色であった。しかし、原発事故後の状況を追い続けている記者たちは、この甲状腺検査をめぐり、何かが起こっていることを感じ取っていたようだ。

健康被害について聞かれても、多くの場合「制度の研究者だから分からない」「チェルノブイリ被災国でも様々な意見があり、結論が出ていない」としか返答できない。でも今回ばかりは、この問題に踏み込まざるをえないという予感があった。これは医療問題ではない。チェルノブイリ被災国の知見に関する、情報公開の問題である。直感的に思った。

福島第一原発事故時、福島県内に在住していた当時18歳以下を対象に甲状腺検査が行われてきた。15年3月時点で、先行検査対象の約30万人の受診者のうち、112人が甲状腺がんの「悪性ないし悪性疑い」とされていた。

「わが国の地域がん登録で把握されている甲状腺がんの罹患統計などから推定される有病数に比べて数十倍のオーダーで多い」と認められている。

しかし、検査結果について専門家の見解をまとめた福島県県民健康調査検討委員会甲状腺検査評価部会「中間とりまとめ」（15年3月）では「放射線の影響とは考えにくい」という。

甲状腺がんは、チェルノブイリ原発事故の影響で増加したことが国際機関でも認められた数少ない健康被害の一つである。程度の差はあれ、福島第一原発事故の影響を受けた地域で、甲状腺がんが多く見つかっている。それなのに「影響が考えにくい」とはどういうことなのか。甲状腺がんと診断された当事者から見れば、腑に落ちないだろう。甲状腺がんの原因とされる放射性ヨウ素は福島県の県境を越えて広がった。被曝した可能性が高い関東圏の住民にとっても、他人事ではない。

問題となった「中間とりまとめ」を入手して読んでみる。

先行検査を終えて、これまでに発見された甲状腺がんについては、被ばく線量がチェルノブイリ事故と比べてはるかに少ないこと、事故当時5歳以下からの発見はないことなどから、放射線の影響とは考えにくいと評価する。

（「甲状腺検査に関する中間取りまとめ」15年3月、福島県県民健康調査検討委員会甲状腺検査評価部会）

被曝線量はチェルノブイリよりはるかに低いから、甲状腺がんは生じないはず。福島県で甲状腺がんを発症したのは事故当時6歳以上の人々だから、チェルノブイリの場合とは違う。そういう説明のようだ。

やはりチェルノブイリとの比較が、「因果関係」を認めない論拠になっている。

次に、福島県における甲状腺検査の担当医がどのようにチェルノブイリの事例に言及しているのか調べてみた。

福島県で甲状腺がんが増加した時期が「チェルノブイリより早い」という説明が目を引いた。チェルノブイリ原発事故被災地では、甲状腺がんが増加したのは「事故からおよそ5年後」であるという。だとすれば、事故から4年目くらいまでに甲状腺の検査をしても「増加は見られないはず」。仮に増加が見られたとしても、本格的な検査を始めたことによる「スクリーニング効果」で「増えたように見えるだけ」という評価だ。

県民健康調査で、甲状腺検査を担当してきた鈴木眞一教授は次のように述べている。

> 放射線の影響による甲状腺癌の発症は最も早いとされるチェルノブイリですら事故後4、5年後であり、それを上回る線量は想定されていない福島においては、もっと早い時期にスクリーニングを施行することで放射線事故の影響と関連のない甲状腺疾患の存在を個々に認識していただき、今後甲状腺癌発生の増加をみないことを証明するための礎とする、ということとなった。
>
> （鈴木眞一「福島原発事故後の県民健康管理調査、とくに甲状腺検査について」）

前出の中間とりまとめが出された15年3月の時点ではまだ、福島第一原発事故から4年。ここまでの診断で見つかった甲状腺がんは、原発事故以前からあったもの、または原発事故と関係がない発症とされる。チェルノブイリ被災国では事故5年後までは甲状腺がんは増えていないのだから……。

この問題はどこかで議論したことがある。デジャヴのような感覚にとらわれた。

「甲状腺がん5年後増加」説

「事故から5年後に増加したといったって、それはそのころに最新の機器で診断を始めたからでしょう。日本の笹川とかが、現地に性能のいい機器を持ち込んで検査を始めたのがその頃だったわけで」

2014年7月、子ども・被災者生活支援法議員連盟の会議。出席議員の一人が発言した。子ども・被災者生活支援法（12年6月成立）は、避難指示区域外からの避難者（いわゆる自主避難者）の権利や、被曝リスクを負わされた市民の健康保護の必要性を定めた法律だ。

残念なことに、支援対象が政府のさじ加減で狭くされ、運用も限定的にされてしまった。そのせいで、この法律は、実質上、被災者の助けにはなっていない。しかし、この法律の条文を具体化させることで、より実のある支援策を実現しようと、議員連盟は取り組んできた。子ども・被災者生活支援法のモデルになったのが、チェルノブイリ被災者の権利を定めたチェルノブイリ法である。

筆者は11年にチェルノブイリ法を日本に紹介し、法案策定のチームにも参加した。その関係で、この日の会議にも出席させてもらった。当時私は2年の任期で、同議員連盟代表代行を務める荒井広幸参議院議員の政策スタッフという立場であった。福島県出身の議員として、国の責任による原発事故被害者補償のあり方を提案するため、チェルノブイリの知見を参考にしたいと、声をかけてくれた。

議員連盟では、子ども・被災者生活支援法を基盤に、福島県外でも広い地域で健康診断を実施するための法案作りに取り組んできた。また同時並行で、甲状腺がんになった場合の医療費免除を認める法案を準備していた。

その日の会議でも、甲状腺がんと原発事故の影響について議論していた。「事故4年目まで」に福島県でみつかった甲状腺がんは、本当に原発事故と無関係なのか。冒頭の議員の発言には、納得できるものがあった。

確かに、ソ連の要請を受けてIAEA（国際原子力機関）などによる視察団がチェルノブイリ被災地を訪問調査するのは、主に1990年からで、事故5年目にあたる。日本の専門家も、視察に参加している。先進国からの専門家による医療支援や機材の導入で、本当はそれまでに増えていた甲状腺がんがこのタイミングで見つかり、数字上「急増した」のかもしれない。そのような推測も成り立つ。

だとしたら、実際には4年目までに甲状腺がんが増えていたのに、見つかったのが5年目であったということに過ぎない。「4年目までの甲状腺がんは原発事故の影響なし」とは言えないのではないか。

なるほど、確かに当時のソ連における医療機器の性能や検査のやり方などは、検証しなければならない。しかし、議論を聞いていて疑問も生じた。そもそもウクライナなどのチェルノブイリ被災国は、本当に「5年後になって初めて増加した」と言っていたのか？

「ウクライナ報告書ではこういうデータが出ています」

この議員連盟の会議で法律顧問を務める福田健治弁護士に、資料を提示した。

11年に発表された「ウクライナ政府報告書」に掲載された甲状腺がんの増加傾向に関するデータ。事故の翌年、87年に主要汚染地域6州で、10代後半の層に甲状腺がんの増加が見られる（図1）。

また「ウクライナ政府報告書」２００６年版（72頁）は、全国平均のデータだが18歳以下の層に事故数年で甲状腺がんが増えていたことを示している。

もちろんこの増加が放射能によるものなのか、別の要因によ

図１：10万人当たりの甲状腺がん罹患率（事故時15～18歳）

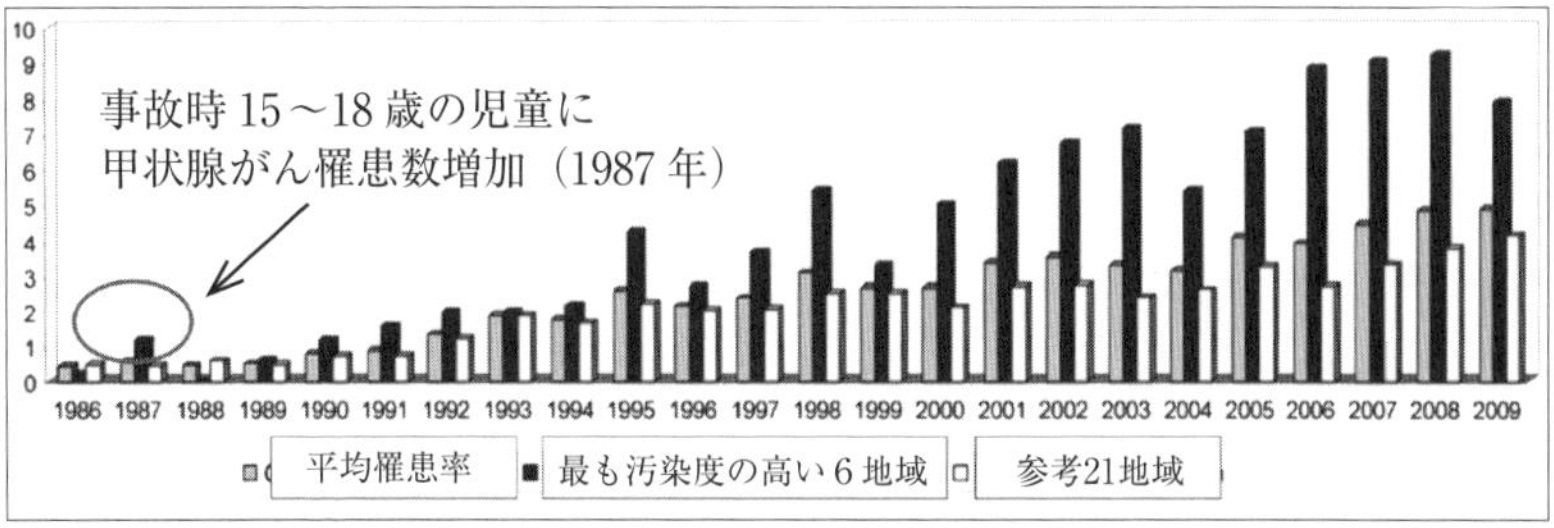

出所：「ウクライナ政府報告書」2011年、158頁を基に作成

るのかは議論がありうる。しかし、こういうデータが被災国から提示されている以上、「5年後から増加」ということを無条件の前提にすることはできない。福田氏は「日本語にしたものがほしい」と関心を示してくれた。

福田氏は、原発事故当時から避難者の権利を訴え、避難の権利の論理的構築に努めてきた。被災者の法的権利を勝ち取るための最前線で活動してきた弁護士だ。法理論だけでなく、疫学や医学の論文も読み込み、文系の専門家としては健康被害の問題に最も精通している一人といえる。

私が提示した「ウクライナ政府報告書」のデータは、11年発行のものであり、この時点で最新の資料とは言えない。しかし、福田氏にすら、この部分の記述は伝わっていなかったようだ。または膨大な資料の中に埋もれてしまっていたのか。

「ウクライナ政府報告書」は、原発事故25年に際して刊行され、がん以外の幅広い疾病を健康被害として認めたことで注目された。研究者にとってはよく知られている。

しかし、そのデータを法案策定の現場や、健康被害評価の専門家会議の場に基本データとして提供し、議論させる取り組みが足りなかった。いや、取り組みはなされてきた。資料提示のタイミングや、意思決定者へのサジェスチョンの仕方、資料の作り方……。何かが足りなかったのだ。

これは、国会議員が甲状腺がんの医療費免除について議論をする会議である。参照例としてのチェルノブイリには皆関心を持っていた。その会議に、「チェルノブイリで事故翌年に甲状腺がんが増加している」ことを示す資料が提示されていなかった。

福島第一原発事故後、市民団体や法律家は、熱心に参考事例としてチェルノブイリ被害に関するデータを読み込んできた。しかし日本で紹介されるのは主に英語で発表された一部の論文、一部のデータに限られている。

被災国の原データはロシア語で発表され、英語に訳されるものは少ない。ロシア語で刊行されるチェルノブイリ被災国の資料は、基本的なものでも未紹介になることが多い。または、一部専門家だけが知っており、紹介すべき場に紹介されていない。

11年に私がチェルノブイリ法を、与党のプロジェクトチーム（PT）や政府のワーキングチーム（WT）に紹介した際にも、チェルノブイリ法の理念や仕組みは国会議員にほとんど知られていなかった。すでに、市民から「チェルノブイリ法と同様に1ミリシーベルト基準で避難の権利を」という声は強かった。にもかかわらず、その法文を読み解き、論点を整理し、政策形成の場で議論させるには至っていなかった。

またも、チェルノブイリ被災国が提示する資料が、議論のテーブルに載せられていない。チェルノブイリ原発事故被害について、データの共有が不十分なまま、議論が進んでいるのではないか。漠然とした不安を抱いた。

しかしまだこのとき、筆者は甲状腺がんの問題に注力する気にはなれなかった。甲状腺がんのテーマばかり議論することで、他の病気を議論から外し、被害の矮小化につながるのではないかと懸念していた。今思えば、認識が甘かった。

この議員連盟の会議の後、14年秋の臨時国会では法案を提出することもできず、国会は年末の衆議院選挙に突入する。議員連盟メンバーの真剣な議論にもかかわらず、健康診断制度、医療費減免に関する法案は、いまだ国会で審議されていない。

次の年、15年の通常国会は安保法制の審議で手一杯となり、甲状腺がんの問題も、健康診断のテーマも、議会では、わきに置かれつづけた。その間に、15年5月の検討委員会で、前出の「中間とりまとめ」最終版が出された。「チェルノブイリ」を論拠にした「因果関係は考えにくい」論が、確定されようとしていた。

作られた「5年後増加」のイメージ

チェルノブイリ事故後の甲状腺がんの増加時期について、前出のとおり、県民健康調査検討委員会の担当医は「およそ5年後」ということを前提にしてきた。

しかし、チェルノブイリ被災地で活動する医師や、被災当事者の話から、事故直後の数年でその地域に甲状腺がんが増えたという話も聞く。専門家の論文で、事故3年目くらいで甲状腺がんが増加したことを指摘するものもある。

発症件数の過剰は、事故後3～4年で統計上検出可能になった。

（E・カーディス他「チェルノブイリ事故――疫学的展望」2011年5月）

問題が起こるのは10～12年後と予想されていましたが、子どもの甲状腺がんの検出件数は2～3年後にはすでに数十倍にも増えました。

（インタビュー「チェルノブイリ原発事故25年――健康被害はいかに」I・V・コミサレンコ「ウクライナ医学アカデミー準会員、医学博士」12年10月15日）

しかしいつの間にか、日本では「チェルノブイリ事故5年後まで、甲状腺がんは増えていなかった」かのような説明がまかり通っている。どのようにして、この「定説」（?）は作られているのか。本腰を入れて、政府の資料や公式サイト、新聞報道を探ってみた。まず、線量基準や除染を管轄する環境省のサイトには、次のように「5年後増加」説が紹介されている。

ベラルーシやロシアでは、事故後4－5年ごろから小児甲状腺がんが発症し始め、10年後に10倍以上に増加しました。（引用：D Williams, *Oncogene* (2009) 27, S9-S18）

（環境省「放射線による健康影響等に関する統一的な基礎資料」平成26年度版、108頁）

ここでも甲状腺がんが増えたのは4～5年後とされている。この説明は一つの報告書の中からの引用である。だとすれば、本当は2～3年後に増えたとする報告があることも、注記くらいすべきではないか。またこれは小児甲状腺がんに限った言及である。

ロシアやベラルーシの統計では、18歳以上になって甲状腺がんを発症しても「小児甲状腺がん」ではない。事故時17歳で、翌年18歳以上になって発症したケースは、小児甲状腺がんには含まれない。事故直後、18歳、19歳の層に甲状腺がんが増えたとしても「小児甲状腺がんは増えていない」ことになってしまう。

こんどは、新聞報道を探ってみる。チェルノブイリ被災国における甲状腺がんの増加時期について触れた新聞を掘り返し整理してみる。各紙の記述を整理してみて驚いた（次頁表1）。「どうしてこうなるのか」というのが正直な感想だ。増加時期について新聞によって、「3年後」「5年後」と記述が食い違っている。また解せないのは、同じソースにあたっている場合でも、各紙の「増加時期」に関する記述にずれがみられることだ。

ほとんどの記事は、福島県の検討委員会が「○○年後に増加」と話した内容に依拠している。チェルノブイリ事故被害に関するロシア語の一次資料に直接あたった形跡は見られない。だとすれば何を根拠に「5年後増加」が当たり前のように語られ、なぜメディアもソース

表1：チェルノブイリの甲状腺がん増加時期についての記述

新聞名	記述内容
朝日新聞 (2014年12月26日)	県は、チェルノブイリ原発事故で甲状腺がんが増えたのは3～4年後からで、乳幼児が中心だったことなどから、1巡目で見つかった甲状腺がんは「被曝の影響とは考えにくい」とする。
朝日新聞 (2015年2月13日)	チェルノブイリ原発事故で甲状腺がんが増えたのは事故の3～5年後からだったことなどから、昨年度末までの1巡目の検査を、事故前の状態とみなし、今年度始まった2巡目検査の結果と比較して、甲状腺がんが増えるかどうか調べる予定だ。
毎日新聞 (2013年6月6日)	86年の旧ソ連・チェルノブイリ原発事故で甲状腺がんが見つかったのは事故の4年後だったと指摘し、他の委員らも「いま見つかっているがんは震災前からのものの可能性がある」と口をそろえる（……）。
読売新聞 (2011年10月10日)	チェルノブイリ原発事故では、事故5年後頃から甲状腺がんになる子供が増えた。
日経新聞 (2014年5月26日)	1986年に旧ソ連で起きたチェルノブイリ原発事故では、5年後くらいから急増した。検診はそんな事態に備えるため始まり、3月末までは放射性物質の影響がない平時の発症率（ベースライン）を確かめることを目的としたという。

出所：各紙を基に作成（下線は筆者）

に照らした反論をきちんと行ってこなかったのか。相当怪しい論拠を基盤に、「4年目までは原発事故と無関係」という論が構築されてきたのではないか。それに反論する側も、同じ土俵に乗って議論をしてきたのではないか。

「チェルノブイリとは違う」に隠された欺瞞

一般的に「チェルノブイリでは」という説明が何の注釈もなくなされるとき、そこには何かが隠されている。または拡大解釈されている。この5年間、チェルノブイリに関する報道や日本政府の資料を読むたびに感じてきたことだ。

そもそも「チェルノブイリでは」というとき、どこのことを言っているのか。チェルノブイリはウクライナ北部の町の名前だ。この町を問題にしているわけではない。

「チェルノブイリ被災地では」という意味で使っているのだろう。だとすれば原発から数百キロ、または1000キロ以上離れた場所にも「チェルノブイリ被災地」は広がっている。事故後、法定基準を超える汚染が、ロシア、ウクライナ、ベラルーシの3カ国で14万平方キロメートル以上に広がった。立ち入り禁止区域もあれば、比較的汚染度が低く、避難対象ではない地域もある。

「チェルノブイリでは」と言うとき、このうちどの地域のことを言っているのか。地域によって汚染の程度も、被曝量も、実施された対策の質も異なる。「チェルノブイリでは除染はあきらめた」というとき、それは「チェルノブイリ原発30キロメートルゾーン内や住民が移住し無人になった地域では」ということだ。

「チェルノブイリでは子どもたちが100ミリシーベルト以上被曝した」と言うとき、「高度汚染地域住民や原発周辺からの避難者にはそのようなケースもある」ということだ。

にもかかわらずこの注釈を省いて「チェルノブイリでは」と一般化する。そうして「チェルノブイリの高度汚染地域」と「福島県内の一部」を比較して、「日本の方がずっとまし」というイメージを作り上げてきた。そして「チェルノブイリと福島は違う」の一言で、重要な先例からの貴重な知見を無視してきたのではないか。

「チェルノブイリでは」と、自明のことのように語られるとき、「それはどこの地域のことを言っているのですか?」「いつ頃のことを言っているのですか」と確認しながら読まなければならない。だから「チェルノブイリでは」が出てきたら要注意なのだ。

ちなみに、この「チェルノブイリでは」が、県民健康調査検討委員会の議事録や、中間とりまとめでは繰り返し出てくる。

社会制度の調査を専門とする自分にとって、本来、健康被害の因果関係を論じるような議論にはできれば深入りしたくない。

チェルノブイリ被災国でも事故30年が経過した今でさえ、直接的な因果関係が確定しているわけではなく、議論が続いている。それなのに「チェルノブイリではこんな病気が増えた。日本でも増えるだろう」と安易に結論づけ、対策すら提案しないような議論を私は好まない。でもここまでチェルノブイリが「因果関係否定」の論拠に使われ、その出典すら示されない議論がまかり通るなら、それは危険な情報操作といえる。膨大な翻訳費や資料費をかけて情報を独占できる行政機構と、自力でロシア語の一次情報にアクセスできない被災当事者の間に、圧倒的な情報格差が生まれている。

やらなければいけないことは分かっていた。

検討員会の「因果関係否定」の論拠に、「チェルノブイリでは」という説明がどのように使われてきたのか。そこで言われていることと、チェルノブイリ被災国が公的な資料で記述していることは本当に一致しているのか。文献を突き合わせての検証作業だ。

チェルノブイリはいかに因果関係を否定する論拠にされてきたか

私は研究機関や大学の職員ではない。調査といっても、私が調査に使えるのは深夜の数時間と電車など公共機関の移動時間だけにほぼ限られる。撃てる弾は多くない。

満員電車の中ではできる限り、隅のスペースに潜り込み、そこで手持ちのコピー資料を読み込む。皮肉なことに、そのポジショニングの技術だけは、ここ数年で格段に上がってしまった。それでも通勤ラッシュでもみくしゃになる朝は、イヤホンで録音データを検証する。ラッシュの埼京線が私の研究室だ。

「甲状腺がん増加の原因として原発事故の影響は考えにくい」という評価を示してきた検討委員会の「中間とりまとめ」を再読し、そこでチェルノブイリがどのように論拠として使われているのかをあらためて整理してみた。

先行検査を終えて、これまでに発見された甲状腺がんについては、被ばく線量がチェルノブイリ事故と比べてはるかに少ないこと、事故当時5歳以下からの発見はないことなどから、放射線の影響とは考えにくいと評価する。

（15年3月、福島県県民健康調査検討委員会甲状腺検査評価部会中間とりまとめ）

冒頭で紹介した、甲状腺検査評価部会「中間とりまとめ」（15年3月18日）である。ここに、甲状腺がんの増加傾向とその原因についての、中間段階での評価が示されている。整理すると、これまで3つの点で「チェルノブイリ」が、福島原発事故と甲状腺がんの因果関係は「考えにくい」とする論拠とされてきた。

❶増加時期――チェルノブイリでは4〜5年後に甲状腺がんが増加

福島県内で事故5年後までに見つかった甲状腺がんは、原発事故との因果関係は考えにくい。

❷年齢層――チェルノブイリでは事故時5歳以下の層に甲状腺がんが多発

福島県内ではこの時点で、事故時5歳以下の層に増加はないので、チェルノブイリの甲状腺がん増加傾向と異なる。

❸被曝量――福島県では被曝線量がチェルノブイリ被災地と比べてはるかに少ない

それほど高い被曝をしていない福島県で甲状腺がんの増加は考えにくい。甲状腺検査の担当医を務めてきた鈴木眞一教授は、「チェルノブイリ原発事故での甲状腺癌が発症したとされる100㎜Svを超える内部被曝線量も考えられない」とコメントしている（「日本医事新報」4593号、12年5月5日「連載第6回福島リポート」掲載「子供たちの未来を守るために――小児甲状腺検査の実情」福島県立医大器官制御外科鈴木眞一）。

やはり、気になっていた通りだ。「チェルノブイリでは」というとき、国を越えて広がる広大なチェルノブイリ被災地のどの部分を言っているのか。「ある年齢層に増加した」というとき、事故後30年の歴史の中の、いつ頃の増加を示しているのか。まったく言及がない。都合よく一般化されるとき、何かがうまく隠されている。

「5年後増加」説に異を唱える研究者たち

ではこれらの論点は、チェルノブイリ被災国の資料でどのように記述されているのか。中間とりまとめや担当医の論文で「チェルノブイリ」について言われていることと一致しているのか。チェルノブイリ被災国が提示するロシア語原文の資料と、突き合わせての検証作業をはじめた。

実は、すでにこのころまでに、「5年後増加」説については、岡山大学の津田敏秀教授らが異論を唱えていた。津田教授のチームは、チェルノブイリ被災国で事故直後から甲状腺がんが、小幅ながら増えていたことを指摘している。

津田教授らが2015年10月にエピデミオロジー（*Epidemiology*）誌への掲載に先立ってオンライン公開した論文（"Thyroid Cancer Detection by Ultrasound Among Residents Ages 18 Years and Younger in Fukushima"「2011年から2014年の間に福島県の18歳以下の県民から超音波エコーにより検出された甲状腺がん」）では、チェルノブイリ事故翌年の87年からすでに甲状腺がんの小幅な増加がみられたことが指摘されている。その際の論拠に挙げられているのは、ベラルーシおよびウクライナの研究者による論文だ。またチェルノブイリ20年にあたり刊行された「ウクライナ政府報告書」(2006年)も参照されている。

また、ベラルーシで甲状腺がん治療に携わってきた菅谷昭・松本市長は、すでに12年の時点で「5年後増加」説に疑問を投げかけていた。菅谷氏はベラルーシ国立甲状腺がんセンターの統計を示し、15歳未満の層に2年目から甲状腺がんが増えていたことを指摘している。

これらの指摘ですでに、「5年後増加」説は覆されているのではないか。「5年後に増加」ではない、正確には翌年から増加しているのだ。

検証力のある資料の条件

津田教授や菅谷市長が提示したベラルーシ・データは、重要な指摘となっている。しかしこれだけでは、「隠されていること」を暴き出すのに十分ではない。

両氏が紹介したベラルーシのデータは18歳未満、または15歳未満という診断時の年齢を切り取って示したものだ。事故時17歳で、翌年18歳となったあとに発症したケースは「大人の甲状腺がん」と扱われるため、これらのデータでは示されない。

津田教授が引用した2006年の「ウクライナ政府報告書」は、筆者も活用していた。こ

東京新聞（2012年9月27日）

のデータは事故時「子ども」だった住民が成人した後の発症増加傾向も示している。「小児甲状腺がん」に限定しない実態をしめす貴重な資料だ。しかし06年時点の資料であり、より最近の資料による補足がほしい。

また甲状腺がんの有意な増加がみられた地域での、被曝量の推計を示した資料が必要だ。「チェルノブイリでは100ミリシーベルト超の被曝で甲状腺がん増加（福島ではそれよりはるかに低いから増加しない）」という説を検証するためだ。

実は低線量汚染地域での甲状腺疾患を報告する研究者の論文はある。しかしこれらの論文は、学者の個人的な見解として片づけられてしまう。「その人がそう言っているだけ」とされかねない。

例えば、低線量被曝の健康影響を指摘するヤブロコフ（ロシア）やバンダジェフスキー（ベラルーシ）らによる論文は、それぞれの国の政府から異端とされ、真剣に顧みられていない。

できるなら被災国の政府がオーソライズした報告書がよい。前出の11年ウクライナ報告書はれっきとした政府の資料だ。しかし日本では、この「ウクライナ政府報告書」について「論文の寄せ集め」「国際的に認められたものではない」と、真剣に検討しない態度も目立つ。ここで「ウクライナ政府報告書」を持ち出しても、のらりくらりと逃げられることが想像できた。「チェルノブイリでは……」の欺瞞を暴き、もう一度議論をスタートさせるには、無視できない検証力のある資料を提示しなければならない。

「ロシア政府報告書」再読の衝撃

ここで注目したのが、２０１１年に刊行された「ロシア政府報告書」である。これっきとした政府機関による報告書であり、異端学説として無視することはできない。また、これまで検討委員会の資料として提示されてきたチェルノブイリ・データは主にベラルーシのものばかりだ。「ロシア政府報告書」には、検討委員会にとって盲点を突く指摘も含まれているだろう。

11年の刊行時にこの報告書を読んだ際には、特に目新しい情報はないように思えた。甲状腺がんの増加と、少数の急性放射線症を除き、健康被害を積極的には認めない、極めて保守的な論調に見えた。

今回、検証のためにこの「報告書」の甲状腺がんに関する記述を再読してみて驚いた。

「チェルノブイリでは」と検討委員会が提示する説明と、いくつかの点で明確に食い違う事実が示されていた。

この報告書の正式名称は「チェルノブイリ原発事故から25年――ロシアにおける事故被害克服の総括と展望1986～2011」。11年にチェルノブイリ原発事故から25年に際して発行された。導入、結論のほか5章で構成され（表2）、出典情報も含めて全160頁。ロシアにおけるチェルノブイリ事故被害の状況と、25年にわたる被害克服の取り組みについてまとめられている。16年12月現在、「ロシア政府報告書」は一部を除いて和訳・公開されていない。

ロシア科学アカデミー附属原子力安全発展問題研究所、放射線衛生基準を管轄する連邦消費者権利保護・福祉監督局、疫学調査を管轄する保健省管轄医学放射線研究センター等が報告書の作成に参加して

表2：「ロシア政府報告書」の構成

序章	
第１章	事故被害最小化に向けた取組
第２章	事故の放射線環境学的影響
第３章	収束作業参加者と住民の被曝量
第４章	事故の医学的影響
第５章	ロシア連邦におけるチェルノブイリ事故被害克服
結論	

いる。

監修を務めた非常事態省は、災害復旧、動乱・軍事行動による被害からの住民防護を担当する「民間防衛」機関である。チェルノブイリ事故被害に関する問題も非常事態省の管轄である。

任務内容からも分かるように国防機関である。核武装国ロシアの国防機関である以上、非常事態省が原子力の維持・推進に不利になるような、原子力被害情報を積極的に出すとは思えない。

実際、この「ロシア政府報告書」も、健康被害の認定には消極的だ。甲状腺がんや一部作業員の白血病、急性放射線症等を除いて、原発事故起源の健康被害を認めてはいない。

同時期に発行された「ウクライナ政府報告書」（２０１１年）が、幅広くがん以外の疾病を認めて注目を集めたのと対照的である。ちなみにロシアは、甲状腺がんの原発事故起因性を認めたのもウクライナ、ベラルーシに比べて遅かった。

それでも「ロシア政府報告書」には、疫学調査データや健康診断の制度、地域の汚染状況などについて、貴重な情報も多い。特に、本稿で紹介する「甲状腺がん」についての項目では、日本でまだ広く知られていないデータを含んでいる。このデータは、日本の政府機関や福島県の専門家が示す「チェルノブイリ甲状腺がん」についての説明と、いくつかの点で大きく食い違っている。

「ロシア政府報告書」による甲状腺がんの評価

前述のとおり、福島県で甲状腺診断を実施する担当医や、県民健康調査検討委員会は「チェルノブイリ甲状腺がん」との違いを強調して、「(福島で)放射線の影響は考えにくい」との見解を示してきた。「チェルノブイリの甲状腺がん」についての説明を、もう一度表3でおさえておきたい。

しかし「ロシア政府報告書」を見ると、かならずしもこのように言い切れないことが分かる。以下、それぞれの論点について「ロシア政府報告書」がどのように述べているか、見てみたい。

① 増加時期――2年目から甲状腺がんが増えている

チェルノブイリ原発事故以前、甲状腺がんの検出件数は平均で一年あたり102件であった。事故以前の時期の

表3：福島県による「チェルノブイリの甲状腺がん」についての説明

❶ 増加時期 チェルノブイリでは4～5年後に甲状腺がんが増加
❷ 年齢層 チェルノブイリでは事故時5歳以下の層に甲状腺がんが多発
❸ 被曝量 福島県では被曝線量がチェルノブイリ被災地と比べてはるかに少ない

最少年間件数は、１９８４年の78件である。それがすでに１９８７年には甲状腺がん検出件数が著しく増加し、１６９件に達した。（87～88頁、傍点—筆者）

これは、「ロシア政府報告書」（２０１１年）の甲状腺がんに関する記述である。チェルノブイリ事故（１９８６年）の翌年には甲状腺がんが増加したという。

図２を見ると、ロシアの被災地で87年から甲状腺がんの増加が見られ、91年を過ぎるあたりで急増していることが分かる。ここからも分かるとおり、「４～５年後に甲状腺が増えた」というのは正確でない。「２年目から増加し、４～５年後に大幅に増加」と言いなおすべきである。当然、福島県で３年目までの甲状腺がんは原発事故と無関係、という論

図 2: ロシア主要被災州（ブリャンスク、カルーガ、トゥーラ、オリョール）における甲状腺がん件数の推移（濃 : 男性　薄 : 女性）

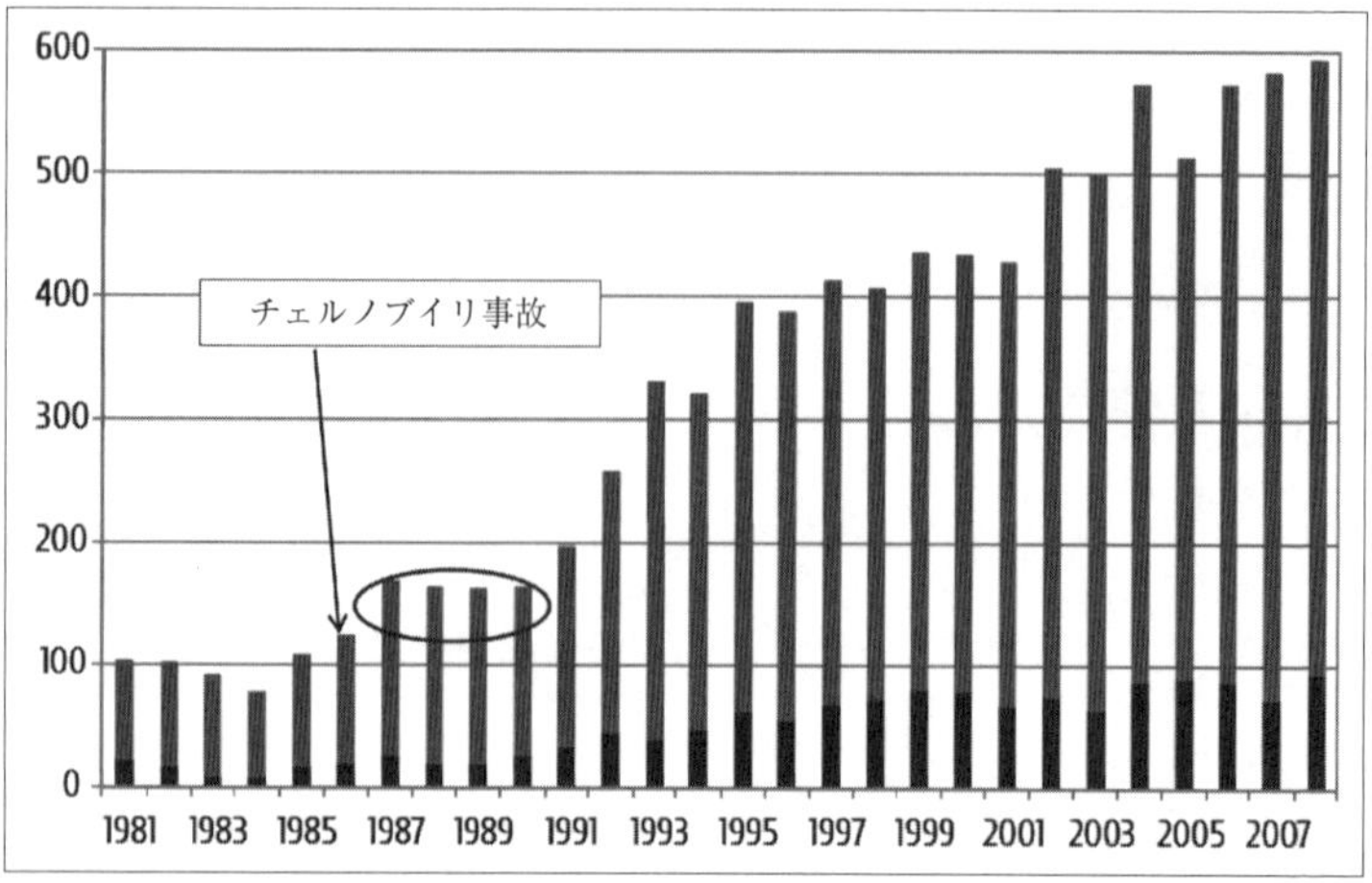

出所 :「ロシア政府報告書」2011 年、89 頁を基に作成

拠にはならない。

② 年齢層――事故直後数年、「事故時5歳以下」の層に甲状腺がん増加はない

チェルノブイリ甲状腺がんは、「事故時5歳以下」の層に多発したと言われることが多い。福島県では先行検査終了時までに事故当時5歳以下の層に甲状腺がんは見つかっていない。なお、2016年6月6日の検討委員会で事故時5歳以下の発症例が報告されることになる。いずれにせよ、この2015年3月の時点で「事故当時5歳以下からの発見はないこと」も、「（放射線の影響を）考えにくい」とする根拠の一つとなっている（2015年3月、県民健康調査検討委員会甲状腺検査評価部会「中間とりまとめ」）。

「チェルノブイリでは事故時5歳以下の層に甲状腺がん多発」という説明は、事故後20年～30年のスパンで見れば正しい。しかし「事故時5歳以下の層」に甲状腺がんが増加したのが「いつ頃」かを考慮しなければならない。

「ロシア政府報告書」は、被災地における年齢グループ別の10万人当たり甲状腺がん件数を示している（次頁図3）。ここから、事故時0歳～5歳の層に甲状腺がんが増えたのがいつ頃か、大まかにとらえることができる。

事故時5歳以下の層に甲状腺がんが目立って増えるのは、彼らが10歳以上、または10代後

半になる95年頃だ。95年前後に、15～19歳のグループに件数の増加が目立つことに注目してほしい。

一方「事故時15～19歳」の層には、事故直後の年（事故時19歳が20歳グループに移行するタイミング）から若干の増加があり、彼らがすべて20歳以上グループに移行する91年頃から、20歳以上のグループに目立って増えている。

このグループの発症件数が一定して多く増加も急激であるのは、事故当時に未成年として被曝した人々が、成人になってから発症したケースが多いためだ。

なお、この「報告書」は、事故時（86年時点）すでに20歳以上の層に甲状腺がんが多いことをスクリーニング効果の影響としている。

図 3: ロシア主要被災州（ブリャンスク、カルーガ、トゥーラ、オリョール）における10万人当たり甲状腺がん件数、診断時年齢グループ別（1986～2006年）

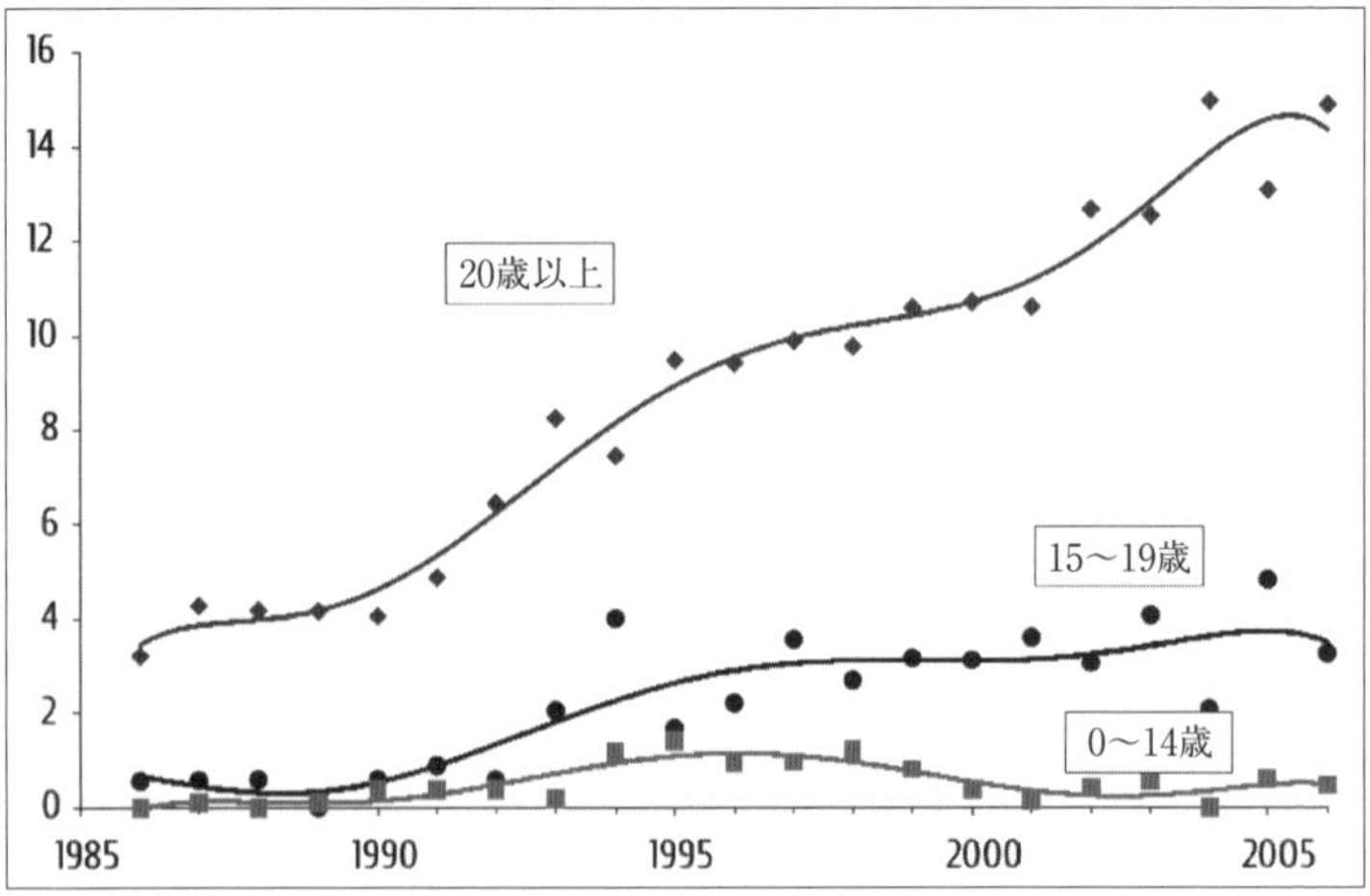

出所 :「ロシア政府報告書」2011年、89頁を基に作成

③被曝量——比較的低い被曝線量の地域でも甲状腺がんが増加

またチェルノブイリの甲状腺がんについて、「100ミリシーベルトを超える被曝で増加」という説明がある。福島県では「チェルノブイリ原発事故での甲状腺がんが発症したとされる100ミリシーベルトを超える内部被曝線量も考えられない」と鈴木眞一教授は強調する。チェルノブイリ被災地よりも福島県内の方が被曝量がずっと低いため、甲状腺がんは増えないという考え方だ。住民被曝量の最大値を比較すれば、確かに福島県内の方がチェルノブイリの高度汚染地域よりも低い。

UNSCEAR（原子放射線の影響に関する国連科学委員会）の推計では、福島県内の1歳児の甲状腺吸収量の最大値は83ミリグレイ（mGy＝甲状腺被曝はグレイの単位で示されている。放射性ヨウ素（ベータ線）の場合、1mGy＝1mSvで換算できる）。チェルノブイリ事故の高度汚染地域（ロシア・ブリャンスク州西部など）では、一部500ミリグレイ超の甲状腺被曝が推計される。ここだけを比較すれば、日本の方が圧倒的に被曝量は低いと見える。

しかしロシアの被災地では、より低い被曝量が推定される地域でも甲状腺がんの増加が認められている。

「ロシア政府報告書」は、児童の甲状腺被曝を地域ごとに推計したデータをマップ化し掲載している（図4）。このマップによれば、例えば原発から約500キロメートル離れたロシアのカルーガ州南部では推定被曝量は100ミリグレイよりずっと低い。10ミリグレイ以下の甲状腺被曝が推定される場所もある。それらの地域でも、甲状腺がんが増えたとされている。

「ロシア政府報告書」におけるチェルノブイリ甲状腺がんについての評価は、次のようにまとめることができる。

・チェルノブイリ被災地では、事故後2年目に

図4：ブリャンスク、オリョール、カルーガ、トゥーラ州に住む児童の甲状腺被曝　地区別平均値（単位：mGy）

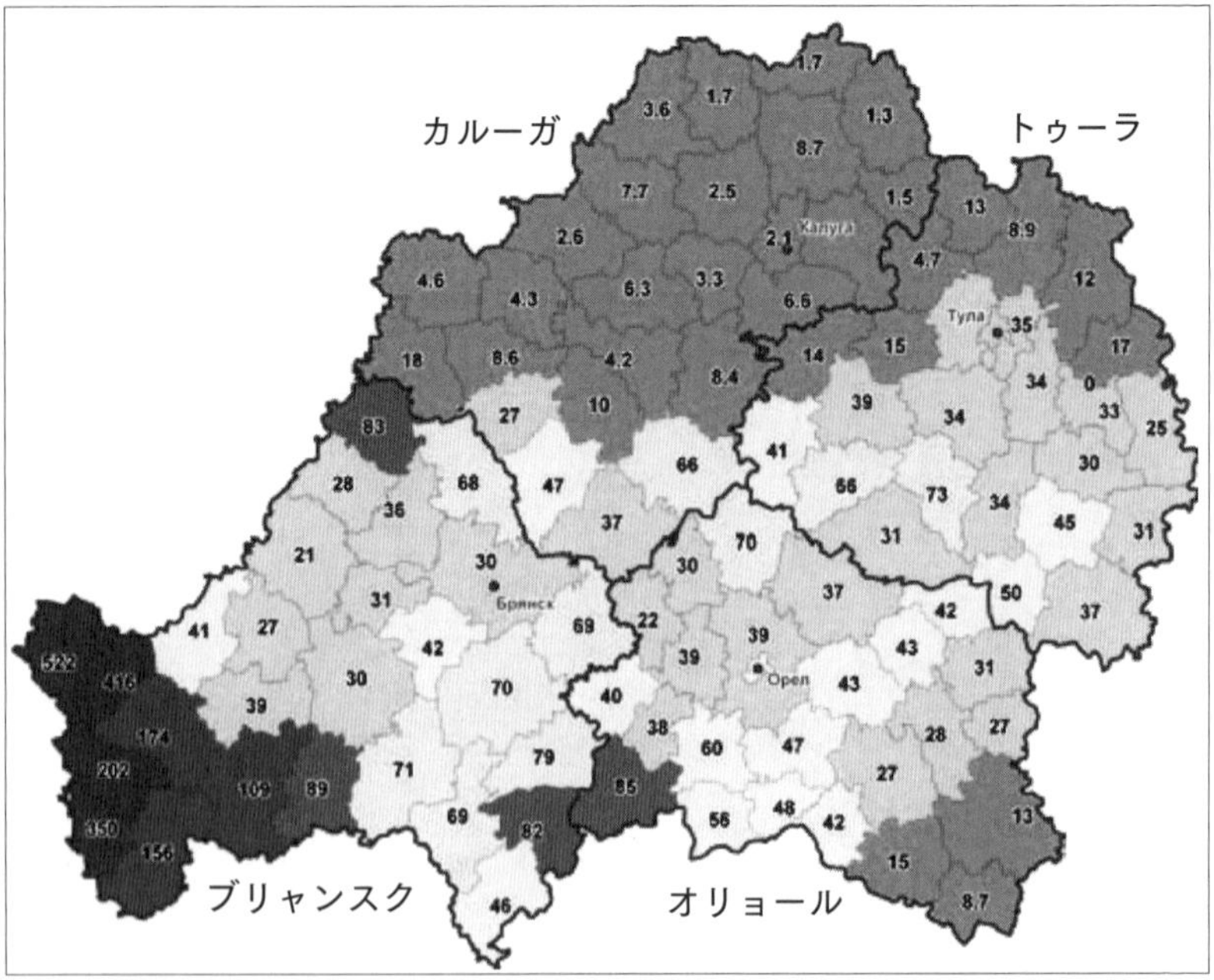

出所：「ロシア政府報告書」2011年、66頁

甲状腺がんが増え、4〜5年目に大幅に増加した。

・甲状腺がんは事故時5歳以下のグループに増加したが、この層に甲状腺がんが多発したのは事故から10年頃、彼らが10代になった後である。事故直後数年間をみると、事故時10代後半の層に甲状腺がんが増えている。

・甲状腺がんが増えたとされるロシアの被災地の一部では、児童の甲状腺被曝量は数ミリグレイ〜数十ミリグレイと推定されている。

日本では健康調査の担当医や検討委員会が、チェルノブイリ甲状腺がんについて「4〜5年後に増加」「事故時5歳以下の層に増加」「100ミリシーベルト超の内部被曝で増加」という点を強調してきた。そして、福島県で見つかった甲状腺がんとの「違い」に焦点が当てられてきた。

「ロシア政府報告書」と照らし合わせると、このような説明が必ずしも妥当でないことが分かる。健康被害認定に対して慎重なロシアですら、甲状腺がんについて事故翌年の増加を認めている。そして「事故時5歳以下」層に甲状腺がんが多発したのは、10年近く経ってからのことである。なぜこのことについて、日本で広く言及されてこなかったのか。

チェルノブイリのデータだけを論拠に、福島県で見つかった甲状腺がんと原発事故の因果関係を証明することはできない。

ただ、逆に因果関係を否定する論拠として「チェルノブイリ甲状腺がん」が引き合いに出されてきた。その説明に不正確さが目立つのだ。少なくとも、被災国の提示するデータは、それらの説明と大きく食い違っている。

滑り込みの問題提起

この「ロシア政府報告書」分析の内容は、２０１６年2月8日発行の岩波書店の月刊誌『世界』に掲載した。2月の半ばには検討委員会が予定されており、またチェルノブイリをひきあいに出した議論が行われると予想できた。その前に問題提起をするには、ギリギリのタイミングであった。組織の規制なく原稿を発表するため、それまでの政策スタッフとしての契約は同年1月末で終了し、フリーとなった。

これは甲状腺がんだけの問題ではない。チェルノブイリ被災国（ベラルーシ・ウクライナ・ロシア）の知見が、都合よく捻じ曲げられ、一部が隠されている。とすれば、国民の知る権利にかかわる重大な問題なのだ。そこを指摘してこなかった、私を含むロシア語使いたちの責任も問われるのではないか。

原稿の発表から約1週間。2月15日、県民健康調査検討委員会が開催された。この委員会で提示された見解は、これまでの「因果関係は考えにくい」論の繰り返しでしかない。

これまでに発見された甲状腺がんについては、被ばく線量がチェルノブイリ事故と比べてはるかに少ないこと、被ばくからがん発見までの期間が概ね1年から4年と短いこと、事故当時5歳以下からの発見はないこと、地域別の発見率に大きな差がないことから、放射線の影響とは考えにくいと評価する。

（第22回「県民健康調査」検討委員会、16年2月15日、県民健康調査における中間取りまとめ最終案）

検討委員会終了後の記者会見で、日野記者が筆者の論考に言及し、「ロシア政府報告書」について尋ねた。その経緯は3月15日付『サンデー毎日』で次のように報じられている。

検討委員会終了後の記者会見で、私は尾松氏のリポートについて尋ねた。しかし星座長の回答は「読んでない」とにべもなかった。
また「ロシア政府報告書」との相違について尋ねる質問状を山下氏と鈴木氏に送ったが、いずれも大学の広報を通じて「多忙のため依頼に答えられない」と返答があった。

この検討委員会から1カ月後、あらためて公表された「中間とりまとめ」の原稿には、一部チェルノブイリについての記述が修正されていた。

「被ばく線量がチェルノブイリ事故と比べて総じて小さいこと」（傍点—筆者）「はるかに小さい」が「総じて小さい」に変わった。ほぼ何も変わっていないに等しい。ただ検討委員会が自分たちの言い過ぎを修正し始めたとも見える。微妙なところだ。論理矛盾をあとから取りつくろうための苦心がみえなくもない。「総じて」なら、被曝量が同じくらいの場合もある、と認めたようなものだ。しかし修正はそれだけである。

「被ばくからがん発見までの期間が概ね1年から4年と短いこと、事故当時5歳以下からの発見はないこと」という表現はそのまま残った。被災国の報告書の記述と矛盾する説明が、相変わらず繰り返されている。「ロシア政府報告書」の記載内容をどうとらえ、どう解釈するのか。その説明はいまのところない。

第3章
日本版チェルノブイリ法はいかに潰されたか

尾松　亮・日野行介

「日本版」としての子ども・被災者生活支援法

［以下、尾松］

「話を聞きたいので、会ってもらえませんか」

「来週の記事に間に合わせたいので、電話取材でもいいからコメントがほしい」

２０１３年９月、いつになく頻繁に新聞記者やテレビ局からのメールが入った。いよいよ閣議決定が出されようとしていた「子ども・被災者生活支援法」の基本方針について、コメントがほしいということだった。

この子ども・被災者生活支援法は、原発事故避難者、特に「自主避難者」と呼ばれる避難指示区域外からの避難者にも住宅や就業に関する支援を受ける権利を認める。避難指示が出ていなくても「一定の線量を上回る」地域を支援対象とするのがこの法律だ。支援もないまま自力で避難生活を続ける人々に、被災者としての権利を認め、国が支援するものとして期待されてきた。

しかし12年6月に成立してから1年以上、政府はこの法律を「どう実施するのか」「具体的に誰が対象になるのか」を決める基本方針を定めてこなかった。

それが13年8月末になって、ようやく基本方針案が公開された。市民からの要求の高まり、基本方針の早期策定を求める訴訟を受けて、これ以上何もしないわけにはいかなくなったというのが本当のところだ。10月初めにも閣議決定されるという。

とはいえ、パブリックコメント募集という名目で公表された「基本方針」案の中身は、被災当事者の願いからは、大きくかけ離れていた。

基本方針案では、支援の対象となる地域は、福島県内の一部市町村だけになっている。この時点で、茨城や栃木、東京を含む関東から避難した人々は事実上切り捨てられた。実施される支援メニューもそのほとんどが、高速道路無料化など、これまでも行っていたものであった。

また、避難継続を可能にする支援よりも、帰還や定住を促す施策にばかり力点が置かれていた。

何よりも「一定の線量を上回る」というときの線量基準があいまいなままにされた。市民や立法にかかわった議員たちが繰り返し求めてきた「年間1ミリシーベルト」基準が、書き込まれることはなかった。「これ以上はできるだけ被曝を避ける」という法的指針は、定められず放置された。

　11年11月及び12月に、私は当時政権与党であった民主党の原発事故収束対策プロジェクトチーム（PT）の会議で講演し、「原発事故被災者」の法的権利を定める必要性を訴えた。当時、民間シンクタンク（現代経営技術研究所）の研究員として、東日本大震災・福島第一原発事故からの復興に向けた制度提案プロジェクトを担当していた。

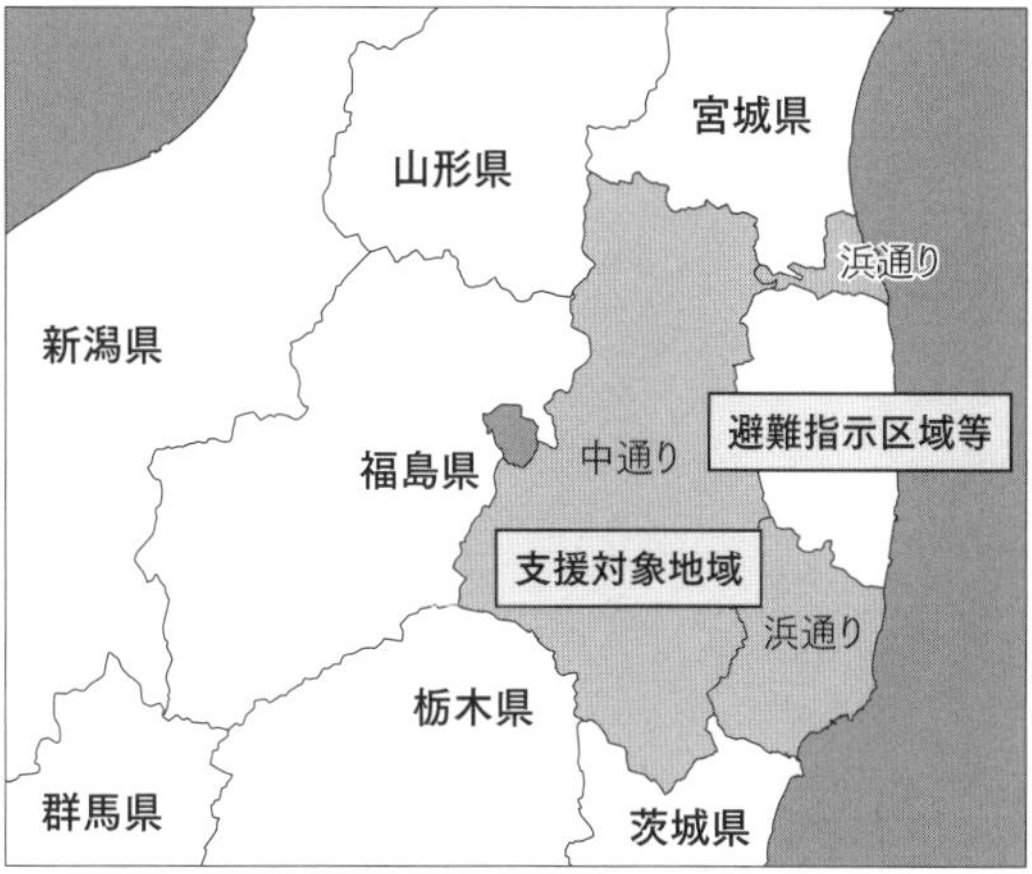

　このPT会議で、一つのモデルとして提示したのが、チェルノブイリ原発事故の被害者の権利を定めたチェルノブイリ法である。

　その後、民主党PTのメンバーを中心に「日本版チェルノブイリ法を作る」というスローガンのもとワーキングチーム（WT）が設立された。2012年2月にはそのWTに筆者も有識者として参加させてもらった。そして当時野党であった自民党や公明党の有志議員も巻き込んで策定されたのが、この子ども・被災者生活支援法である。冒頭の電話やメールをくれた記者たちは、もともとの立法提案に携わった私に話を聞きたいという。この基本方針が「いかに当初の立法理念とかけ離れているか」「チェルノブイリ法と比べて、いかにひどいのか」のコメントがほしいというのだ。

子ども・被災者生活支援法（以下、支援法）は、福島第一原発事故の影響を受けた地域のうち、国が避難指示を出した年間20ミリシーベルトを下回っても「一定の被曝線量」を超える地域を「支援対象」とする（八条）。東電の賠償でも、市町村の自助努力でもなく、国が原発事故のリスクと被害者の権利を認めて支援するという根本思想が土台にある。

前述のとおり、参考にしたのはチェルノブイリ原発事故5年後の91年に成立した被災者保護法、チェルノブイリ法だ。同法は、チェルノブイリ原発事故の影響で推定被曝量が1ミリシーベルト／年を超える地域を「被災地」と定め、そこから避難する人々には恒久住宅の保証、移住先での雇用の支援を約束している。

ウクライナ一国だけでも、法の成立後2005年までの期間に約1万4000世帯がこの権利を行使して、汚染されていない地域に移住できた。地域に住み続ける住民に対しても、生涯にわたる健康診断、保養に出かけるための費用の減免、甲状腺がんだけでなく様々な健康被害の補償が約束されている。

支援法策定にかかわった中心メンバーの議員たちも、「チェルノブイリ法のようなものを日本に作りたい」「日本版チェルノブイリ法を」と述べている。例えば、当時PT座長の荒井聰衆議院議員は、「(チェルノブイリ法に─筆者注）移住権や帰還権が定められていることを知り、これは福島にも作らねばと思った」とコメントしている。

また「100年残すつもりで作った。全政治生命を懸けて、日本版チェルノブイリ法を作りたかった」と、法成立の中心的役割を担った谷岡郁子元参議院議員は述べている。

支援法が理念通りに施行されれば、福島第一原発事故後、自力で避難し、周囲の無理解や経済的な苦境に追い詰められた人々に、補償を求める「権利」があることが法的に確立する。福島県外でも「一定の線量」を超える地域であれば、そこには避難の権利があることになる。「何もそこまで」と言われながら、千葉から、東京から、幼い子どもをつれて、関西に避難していった数人の知人の顔が浮かぶ。

福島県内に住み、通学路の放射線量を測りマップを作る保護者たちの顔も浮かぶ。この法律は、放射線の影響が科学的に未解明であることを明確に認めた（同法前文）。つまり「安全だから気にするな」というのではなく、放射線防護を行うことを承認している。

法的に権利が認められたとしても、皆が避難できるわけではない。避難しなくとも、地域の放射線量を細かく把握し、食品の汚染度を測り、保養に参加しながら、リスクをできる限り減らして生活することも、また権利である。「福島県で子育てなんて」と十把ひとからげに言われる筋合いはないのだ。

リスクがあることを法律が認め、そのリスクの防護のメニューとして、保養や毎年の健康診断、放射線状況の調査などを用意している。避難も、徹底した放射線防護の一つであるが、唯一の選択肢ではない。

これはチェルノブイリ法の立法者たちが苦心のうえに編み出した「保証された自主的退去」(Guaranteed Voluntary Resettlement)「居住することのリスクに対する補償」(compensation for risk of living in contaminated areas)という救済の言葉だ。この考え方を日本語にし、日本の法律に組み込む試みが、子ども・被災者生活支援法であった。

そしてこれこそが、日本国憲法が認めた「移動の自由」(二十二条)「健康で文化的な最低限度の生活」(二十五条)を実現するための法律となった。だから「日本版」なのだ。チェルノブイリ法をコピーしたわけでもなければ、考えなしにそのまま受け入れたわけでもない。チェルノブイリ法が定めた手厚すぎる年金保障(場合によって45歳から年金受給開始)や交通手段としての自動車の支給、燃料費の減免などは「放射線防護」上の優先事項ではなく、日本の支援法には盛り込んでいない。

動けないシンクタンク研究員

「チェルノブイリ法と比べていかにひどいのか、コメントをください」

そんな記者たちからの依頼はすべて断った。話すことで何が起こるのだろうか。

「○○研究所の尾松研究員は言う。「チェルノブイリ法では年間1ミリシーベルトの基準を定めて避難者の権利を認めた。今回の基本方針は事実上の年間20ミリシーベルト基準容認だ。謙虚に先例から学ぶ姿勢を求める」」というようなコメントが、記事の片隅に載る。

そしてその記事を読んだ方々が「日本政府はソ連以下だ」という投稿をSNSに上げる。いくつかの「いいね」が押される。そしてまた次の日から別のニュースが始まり、基本方針は粛々と閣議決定される。そんな展開が見えるばかりだった。

そしてその記事にコメントを載せたことで、私は目に見えるもの、目に見えないもの種々の制裁を受ける。最初から取材を受ける許可申請をすれば、「本業ではない」という理由で却下。

許可が出たとしても、しぶしぶである。「本業でないこと」に時間と労力を使う職員を制裁することで、民間企業は結束し成果を上げるのが論理だ。それは企業や経営者の良し悪しではない。そういうものだ。

当初は復興支援制度提案プロジェクトを若手研究員である私に任せてくれた前の職場も、国会議員からアドバイザーとして呼ばれ、市民団体から講演依頼が入るようになると苦い顔をするようになった。「本業と逆転している」「本当はやらせたくなかった」「業務時間中に関係ない調査をしている」という評価になった。

チェルノブイリ関連の調査は、ほぼ休日と電車の中でやっていた。それでも、本来本業の自己研鑽に使うはずの休日の時間を、別のテーマに使っているということで、批判を受けた。「本業と逆転」と言われたが、本業である企業研修の仕事には愛着を持っていた。

特に、業務に忙殺されながら、入社当時のモティベーションや目標を見失い迷っている20代の若手社員と研修講師として向き合うのはスリリングだった。合宿形式の研修で目標を再確認していくプロセスは、10年前の自分に向き合っているようだった。

自分が20代、何に役立つのか分からないままがむしゃらに続けてきたことが、震災という非常事態の後の社会で、今ささやかな社会貢献に活かせている。その実感があるから、今20代の渦中を生きる研修生たちに向き合うこともできた。でも会社からの評価としては、本業の営業よりもCSR的なことにのめりこんだ異端者ということらしい。確かに儲けになることをやっているわけではない。何を言われても仕方ないだろう。

同年8月に別の民間シンクタンクに移ったばかりだった。まだ、試用期間中で、本採用も決まっていない。次の4月に子どもが生まれる予定だ。今、僕に何ができるというのだ。「話してください。コメントをください」という人たちは、僕が話すことでどれだけ血を流してきたのか、想像のかけらでも持っているのだろうか。

負け惜しみに聞こえるかもしれないが、血を流すのが怖いということではない。どうせ血を流すのなら、刺し違えてでも何か実をとれるタイミングで挑みたい。今は話すことで「実」

がとれるタイミングに思えなかった。

「もう一度議連の会議を開きます。尾松さんにお話ししてもらいたい」

荒井聰衆議院議員の事務所からの連絡だった。子ども・被災者生活支援法推進議員連盟座長を務める、閣僚経験も持つ民主党のベテラン議員だ。

閣議決定されようという基本方針に対して、立法者の側からの抗議をするための集会だという。ＰＴの出発時点から立法提案にかかわった私にもう一度、あるべき法律の理念をぶつけてほしいというのだった。

「フルオープンで記者も入れて、広く訴えたい」という趣旨であった。それは断った。職場の業務時間中に行くこともできない。無理を言って、会社の就業時間前、非公開の朝食勉強会という形で議員連盟の中心メンバーとの朝食会を設定してもらった。

このときに荒井聰事務所の加藤千穂（政策）秘書には、忙しい国会議員の先生方の朝の時間を調整するという、離れ業の労をとっていただいた。無名の研究者のためにだ。ＰＴの最初の会議のときから、場を調整してくれた、支援法にも思いを持ってくれている信頼できる政策秘書だ。

もちろん会社の業務とは関係がない。業務時間外の、あくまで個人的な朝食会として参加した。謝礼ももらわない。当時入ったばかりの職場は官公庁からの受注の多いシンクタンクである。職員の立場で、原発に関する問題で国会議員と会談をする許可は出ない。

聞いてみたかった。チェルノブイリ法の理念に突き動かされ、「日本版」を作ろうと尽力してきた国会議員たちは今何を思っているのか。議員立法を成立させた議員のうちの何人かは、先の衆議院選挙、参議院選挙で国会を去っていった。

仲間たちが政治生命をかけてつくったこの法律の理念から、かけ離れた基本方針が承認されようとしている。これを覆す、何か一手はないのか。

サラリーマンの朝

２０１３年9月26日、朝食会には子ども・被災者生活支援法推進議員連盟の、主要メンバーが集まってくださった。座長の荒井聰議員（当時民主党）、法案策定当時から中心メンバーとして参加していた川田龍平議員（当時みんなの党）をはじめ、共産党、社民党など、みな野党のメンバーであった。支援法の策定にかかわった、自民党、公明党の議員は参加していない。

私が、もう一度議員の先生方に提示したのは、次の一文だ。

コンセプトの基本原理は、住民のCritical group（１９８６年生まれの子ども）にとってそれぞれの地域での自然条件で事故前に住民が受けていた被曝量を超えるチェルノブイリ原発事故と関連した追加被曝量の実効線量等量が1ミリシーベルト／年そして70ミリシーベルト／生涯を超えてはいけないということである。

（訳注：Critical group は最も被害の影響を受けやすい層の意）

これは、チェルノブイリ原発事故（１９８６年）から5年を迎えようとしていた91年2月27日、ウクライナ共和国最高議会決議の一文だ。チェルノブイリ事故が起きた86年生まれの子どもたちに向けて、ウクライナ国民代表の議員たちは約束した。

「この国では、あなたたちに年間1ミリシーベルトを超える被曝をさせません。あなたたちが70年生きるとしましょう。70ミリシーベルトを超える被曝をさせません」

この約束を守るために作られたのが、チェルノブイリ法だ。

年間1ミリシーベルトを超える地域に移住の権利を認めたのも、汚染地域の住民に保養の支援をするのも、この「あなたたちに年間1ミリシーベルトを超える被曝をさせない」という、議会から子どもたちへの約束を守るための具体策だ。

なぜ、日本の国民代表である国会議員が、このウクライナ共和国議会決議と同じことを言えないのか。私がいくら言っても、サラリーマン研究者の意見でしかない。「何とかしてくださいよ。子どもたちに対して「年間20ミリシーベルト被曝させます」っていう国にするんですか!?」

生意気な若い学者の話に、大臣経験者や元野党党首も含む議員連盟のメンバーは、真剣に耳を傾けて、うなずいてくれた。

だが、これだけ思いのある国会議員がいても、法律のもっとも重要な細部を、国民代表である彼らが決めきれない。最も重要なルールである被曝基準は法律の本文では規定されず、「政府が定める」として結局は、民意で選ばれてもいない官僚が決めてしまう。これが、日本の立法の限界なのか。

なぜ、そもそも立法者たちが理念として共有していた「年間1ミリシーベルト基準」を法律の本文に書き込めなかったのか。いまさらながらに悔やまれる。「1ミリ」と書いてしまうと、福島市や郡山市はどうなるのか、予算負担が膨大になる、などいろいろな反対があったことは予想できる。

なぜ、当時のウクライナ議会のように「子どもたちに年間1ミリシーベルトを超える被曝はさせない」というコンセンサスを、国会の中に作れなかったのか。荒井聰座長は、政府に対して議連からも「基本方針案」撤回を求める断固とした要請をすることを約束してくれた。「あなたたちは国民に選ばれたのだから。決めるのはあなたたちにしかできない。僕みたいなサラリーマンに何ができるっていうんですか」

出席してくれた国会議員たちに、そう言った。

朝食会から、職場に向かう。早い時間に設定してもらったおかげで、どうやら就業時間には間に合いそうだ。

「僕みたいなサラリーマンに何が」

そんなことをいう自分は嫌いだった。


それから約2週間後の10月11日、議員連盟からの抗議にもかかわらず、政府は子ども・被災者生活支援法の基本方針を閣議決定した。支援対象地域は福島県内の「浜通りと中通りの市町村」と限定され、多くの住民、多くの避難者が「支援対象外」とされた。

失望はやがて、多くの人の中で、かつて希望を託したはずのこの支援法自体への諦めや、恨みに近い気持ちへと変容していく。

「骨抜きになったこんな法律、意味はない」

「もうあきらめて、別の法律を作ったほうがいい」

そんな言葉を、避難当事者や、今まで立法を目指して取り組んできた市民団体の関係者からも聞くようになった。

「チェルノブイリ法なんて言っても、2割くらいしか実施されていないんでしょ。避難の権利とか言っても、もともと無理なんじゃないの」という意見も聞かれた。

日本政府チェルノブイリ極秘出張の目的

「チェックしてもらいたい資料があるんです。まだ公開できないものですが、読んで感想を聞かせてください」

閣議決定の直前。２０１３年10月7日、日野行介記者からのメールだった。

本書の共著者でもある日野記者には、前の職場を辞める直前、一度取材を受けたことがあった。当時すでに県民健康調査の事前「秘密会」の存在を暴いた新聞記者として注目されていた。

子ども・被災者生活支援法の関連では、復興庁の水野靖久参事官（当時）が被災者や市民団体を「左翼のクソども」と侮蔑する暴言ツイッターをスクープしたことが記憶に新しい。これは支援法の実施にかかわる責任者たちが、いかに「やる気」がなく、被災者を見下しているのかを示す、象徴的な事件だった。

日野記者が今回依頼してきたのはコメントではなく、資料のチェックだった。「コメントをください」「取材をしたい」と言ってきた記者たちは、私がコメントできないことを知ると、それ以上連絡をしてこなくなった。

「取材は受けられませんが、チェルノブイリ法や支援法に関して、個人的に意見交換することはできます」と提案するのだが、のってきた記者はいない。彼らが必要としていたのは情報ではなく、ストーリーに色付けするための「コメント」でしかなかった。

日野記者だけは違った。筆者がオープンなコメントはできないと知った後も、チェルノブイリ法や、チェルノブイリ被災地のデータについて、オフレコ前提での問い合わせをしてきた。「面白いコメント」がほしいのではなく、「チェルノブイリで何があったのか知りたい」のだということがよく分かった。

日野記者からのメールを見て驚いた。意外な事実を知らされた、というよりも、やっぱりそうだったのかという、自分がうすうす、そういうこともあり得ると思っていたことが的中していたのだと気づかされた。

どうして国会の中で、支援法の基準作りが行き詰まり、最終的に政府による基本方針作りに委ねざるを得なかったのか。「1ミリシーベルト基準」という、国際的にも、国内法から見ても、当然これしかない基準を法律で定めることに、どんな激しい抵抗があったのか。

その想像のうちにしかない、「欠けていたパズル」が見つかった。

日野記者の許可を得て、以下問い合わせのメールの内容を掲載する。

尾松さま

ご無沙汰してしまいまして申し訳ありません。新たな職場はいかがでしょうか？　こちらはまだ「子ども・被災者生活支援法」の取材を続けております。なぜ骨抜きにされたのか、誰がどのような意図で骨抜きにしたのかを問う連載記事を掲載すべく仕事しております。

ところで非常に興味深いことが分かってきました。尾松さんが12年2月に民主党PTで講演した後、経産省職員で組織する「内閣府原子力被災者生活支援チーム」と復興庁の職員が2月末~3月上旬にかけてロシア、ウクライナ、ベラルーシの3カ国を視察。チェルノブイリ法及び住民避難や補償について視察していたことが判明しました。視察自体が公表されておらず、しかも報告書も公表されていませんでした。このたび情報公開請求したところ報告書が開示されました。

非常に興味深いもので、▽1ミリシーベルトや5ミリシーベルト基準を「厳しすぎる」「政治的だ」と否定▽補償、健康影響については住民がごねていると強調ーなど一方的な内容です。一方で、おそらくチェルノブイリ法の意義を主張したのか、かなりの機関、研究者についてヒアリングしたにもかかわらず報告書に掲載していないケースもあります（例えばロシアの社会保健省など）。

たいへん御多忙だと推察いたしますが、一度この報告書を読んでいただいたうえで、ご意見を頂戴することは可能でしょうか？ ぜひご検討いただけるようお願いいたします。

私が有識者として、子ども・被災者生活支援法（当時は名称は未定であった）策定に向けた

WTで、日本における被災者保護法のモデルたりうるものとしてチェルノブイリ法を解説したのが12年2月14日であった。

日本でもチェルノブイリ法を参考に、法律で避難の権利や、汚染地域に住むことに伴うリスクに対する補償を定めようという機運は、出席議員の中で盛り上がっていた。民主党政権下の政府のWTとして設定されていた会議であり、復興庁をはじめとする関連省庁の担当者も出席していた。

そのWT会議があった直後、2月末から3月上旬にかけて、政府はチェルノブイリ被災国に極秘で視察団を派遣していたのだ。視察団は、現地の政府関係者から「チェルノブイリ法は悪法」「1ミリシーベルト基準は無意味に厳しすぎる」とするコメントを集め、報告書にまとめていた。

この視察調査と、報告書を活用した政府によるロビイングの経緯については、日野記者が2013年12月1日の毎日新聞一面で詳しく報じている（「復興を問う――消えた法の理念1法案作成と重なるチェルノブイリ視察」）。

日野記者の記事によれば、視察調査後、12年5月29日には原発の早期再稼働を求める有識者団体「エネルギー・原子力政策懇談会」で、翌30日には公明党の会合で報告書が配布された。支援法案が採決に向けて審議されている最中に、支援法の参考となったチェルノブイリ法が「悪法」であり、「1ミリシーベルト基準の設定は失敗」であったという考え方が広められていた。

報告書の内容を読むと、チェルノブイリ法が定めた基準についての事実誤認、被災国の資料や政府担当者のコメントの的外れな抜き出しが多くみられた。単なる誤訳や背景知識不足というよりも、確信犯的な情報操作に近い。支援法や「1ミリシーベルト基準」に対するネガティブキャンペーンを行う意図が見える。

チェルノブイリ法殺しのトリック

日野記者にはこの報告書の、どこに確信犯的な誤訳や文脈無視があるのか、所見をまとめて送った。報告書のタイトルは「チェルノブイリ出張報告――原子力発電所事故における被災者への対応について」。参考資料含めて全30ページの短い報告書で、各ページの記述も図表や被災国政府担当者のコメントを載せただけの簡潔なものだ。

各項目が「Qチェルノブイリ原発事故はどのくらいの規模の影響をもたらしたか」など、Q&A形式になっており、あからさまにプレゼン用の説明資料として作られている（次頁・次々頁表1）。表紙には2012年8月と作成日付があるが、前述のとおり、それ以前にも原発推進の専門家団体や、国会議員に対する説明資料として使用されていた。

この報告でどのようにチェルノブイリ法「1ミリシーベルト基準」否定が行われ、その論

表1：経産省チェルノブイリ調査報告書より一部抜粋

Q1. チェルノブイリ原発事故はどれくらいの規模の影響をもたらしたのか？
福島第一原発事故はチェルノブイリ原発事故に比べ、セシウム137の放出量が約1/6、汚染面積が約6%、放出距離が約1/10。
Q2. どのような健康被害が生じたのか？
チェルノブイリ原発事故では、ヨウ素により6000人以上の子どもに小児甲状腺がんが引き起こされた。しかし、白内障、固形がん、白血病など他の疾病との因果関係は確認されていない。
Q3. なぜ甲状腺がんが多数発症したのか？
チェルノブイリ原発事故では、避難や食品規制などの初動が遅れたため、①事故直後のプルーム（ガス状の放射性物質）による被ばくや、②牛乳等を経由して濃縮したヨウ素の摂取などが発生。その結果、甲状腺がんを発症。一方、福島第一原発事故では、避難、食品規制等の被ばく防護措置をかつ厳格に実施。
Q4. 放射線防護のための対策全体は適切に行われたのか？
チェルノブイリ原発事故では、食品による内部被ばくへの中長期的な対応についても、規制の水準、導入のタイミングとも十分ではなかった。福島第一原発事故では、初期から厳格な食品規制を実施。内部被ばく（筆者注：原文では内ばく）による身体への影響は小さいと考えられる。本文：実際に線量計を配布して個人の累積被ばく線量を測定したところ、ほとんどの場合、政府が一律に推計する累積被ばく線量を大きく下回る結果となった。事故後、各種健康管理や、線量管理を実施。被ばくによる影響の状況について、継続的に確認していく。なお、甲状腺検査において、現時点で直ちに追加の検査が必要となるような結果は出ていない。

Q5. どのような避難・移住施策が実施されたのか?
チェルノブイリ原発事故では、ソ連政府は1991年までに強制避難の基準を年間100㎜Svから5年間後までに段階的に引き下げ。福島第一原発事故では、初年度から年間20㎜Svを採用。 本文:事故から5年後の1991年、ソ連政府の下、チェルノブイリ区域管理法及び被災者支援法(チェルノブイリ法)が成立。法律に基づき、年間被ばく線量5㎜Sv超で強制移住、年間実効線量1㎜Sv超で移住促進という基準を採用。同年、ソ連が崩壊したが、その後もチェルノブイリ法は各国にて引き継がれ、実施されている。区域が設定された1991年以降、自然減衰などにより汚染状況は大幅に改善。現在では、全体の85%以上が完全に解除できる水準(年間0.5㎜Sv未満)。しかし、補償や支援策が既得権になっており、自治体や住民の強い反対のため、区域の解除や見直しが実施できていない。
Q6. 年間5㎜Svや年間1㎜Svでの避難や移住は適切であったのか?
1991年に成立したチェルノブイリ法における移住基準は、政治的な背景に基づくもので、過度に厳しいもの。 本文:移住により、移住先での住環境や人間関係等に適応できず、精神的なストレスを引き起こす場合もある。移住の社会的コストは極めて大きく、過度な移住促進は望ましくないと反省する声が多かった。
Q7. どのような住民の心のケアが必要か?
事故や被ばくの恐怖によるストレスの影響や長期間の補償への依存による自立心の喪失等が顕在化。事故後25年経過した現在でも大きな社会問題になっており、国際機関との連携により様々な対策が講じられている。
Q8. 除染はどのように行われてきたのか?
除染を行う上では、除染による効果と廃棄物の処理も含めたコストを考慮することが重要。特に、森林・農地の除染は効果が薄くコストも高い。被ばく防止には、除染より、汚染された森林への立入制限、汚染食品の流通排除等の方が効果的な場合も。

述の中にどのようなトリックがあるのか。筆者が日野記者に送った解説を基に、以下まとめてみたい。

Ｑ１では、チェルノブイリ原発事故と福島第一原発事故による放射性物質放出量と汚染面積の規模が比較されている。報告書はチェルノブイリに比べて、福島事故ではセシウム１３７の放出量は６分の１、汚染面積がチェルノブイリ原発事故の６％と強調する（図１）。

しかしここでは、日本がチェルノブイリ原発事故の起きたソ連邦の60分の１の面積しか持たないことに言及されていない。

図１：経産省チェルノブイリ調査報告書

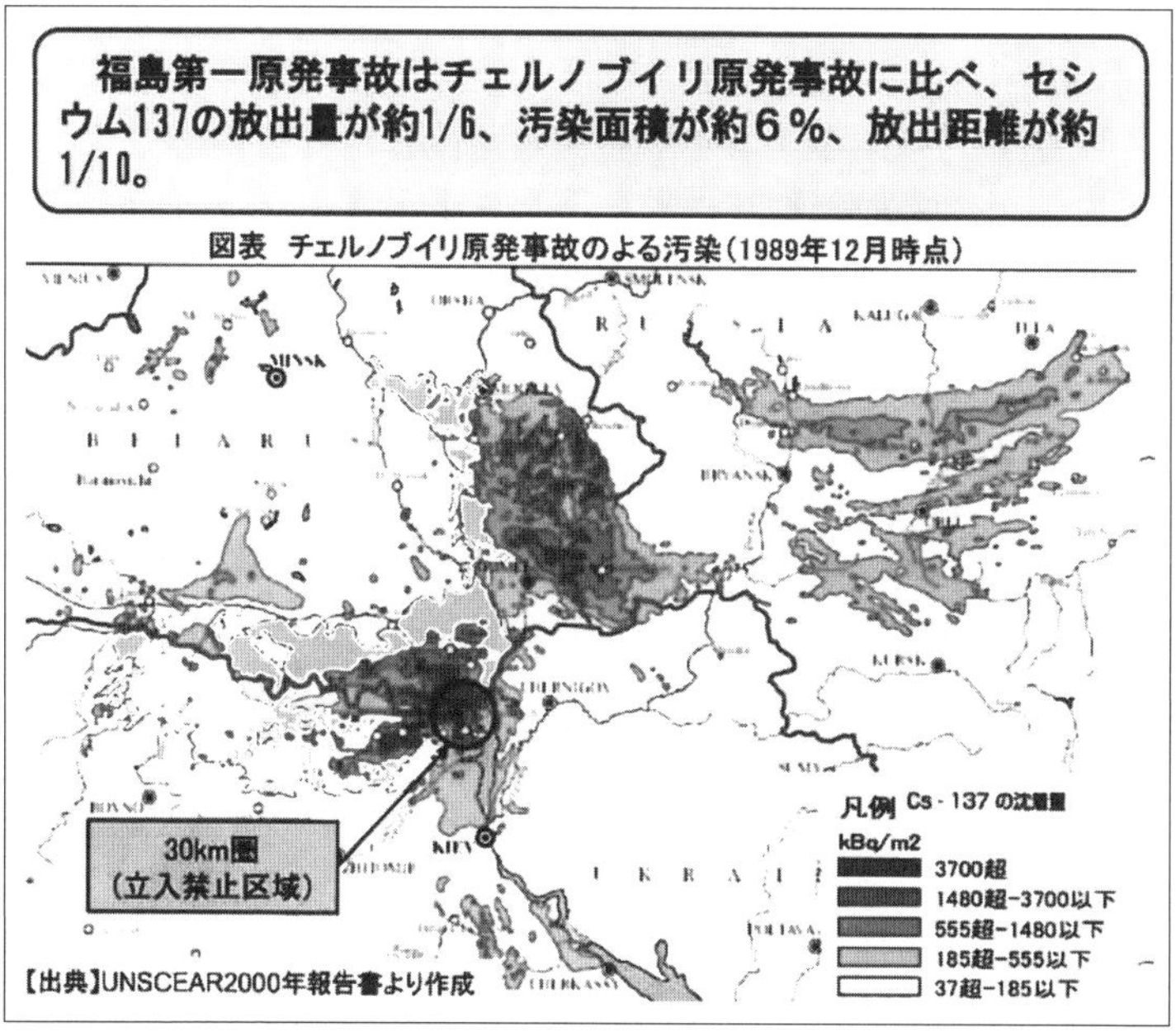

60分の1の国土に、チェルノブイリ被災地の6％の汚染面積が生じ、チェルノブイリの6分の1の放射性物質が放出された、ということの深刻度が隠されている。すなわちチェルノブイリと比べて、放出された総量は少ないとしても、日本では放射性物質が圧倒的に集中して降下したのだ。

Q2～Q3では、チェルノブイリ原発事故による健康被害は小児甲状腺がんのみで、それも事故直後のヨウ素による内部被曝が原因であると指摘。しかし、これはがん以外の疾病を広くチェルノブイリ事故の影響と認める「ウクライナ政府報告書」（2011年）の記述を無視している。

また「ロシア政府報告書」（2016年）では、がん以外でも明確に作業員の血液循環器疾患による死亡を認めた。この「小児甲状腺がん（および白血病等）だけ」という見解は、決して被災国のコンセンサスではない。

最もあからさまにチェルノブイリ法批判、「年間1ミリシーベルト基準」否定が行われるのが、Q5とQ6である。

Q5「どのような避難・移住施策が実施されたのか?」では、次頁図2を提示し、チェルノブイリ事故後、ソ連が採用した基準は日本の年間20ミリシーベルト基準よりも高かったことが強調される。チェルノブイリでは事故初年度に年間100ミリシーベルトの被曝基準が設定され、そこから段階的に引き下げられて、最終的に91年にチェルノブイリ法「5ミリシーベルト移住基準」が成立する、という説明だ。

日本の基準は年間5ミリシーベルトよりは高いが、スタート時点としてはチェルノブイリよりもずっと厳しいという印象づけが行われている。

この図表で隠されているのは、チェルノブイリで90年まで採用されていた基準は「非常事態基準」であることだ。

公式にはチェルノブイリ事故収束期間は86年〜90年。89年末に収束期間が終了したとみなされ、91年に成立したチェルノブイリ法は収束後の「平時」の基準として定められた。だからチェルノブイリ法の5ミリシーベルト移住義務基準は、非常時の「緊急強制避難基準」ではない。したがって、収束期間中の非常事態基準と、チェルノブ

図2：経産省チェルノブイリ調査報告書

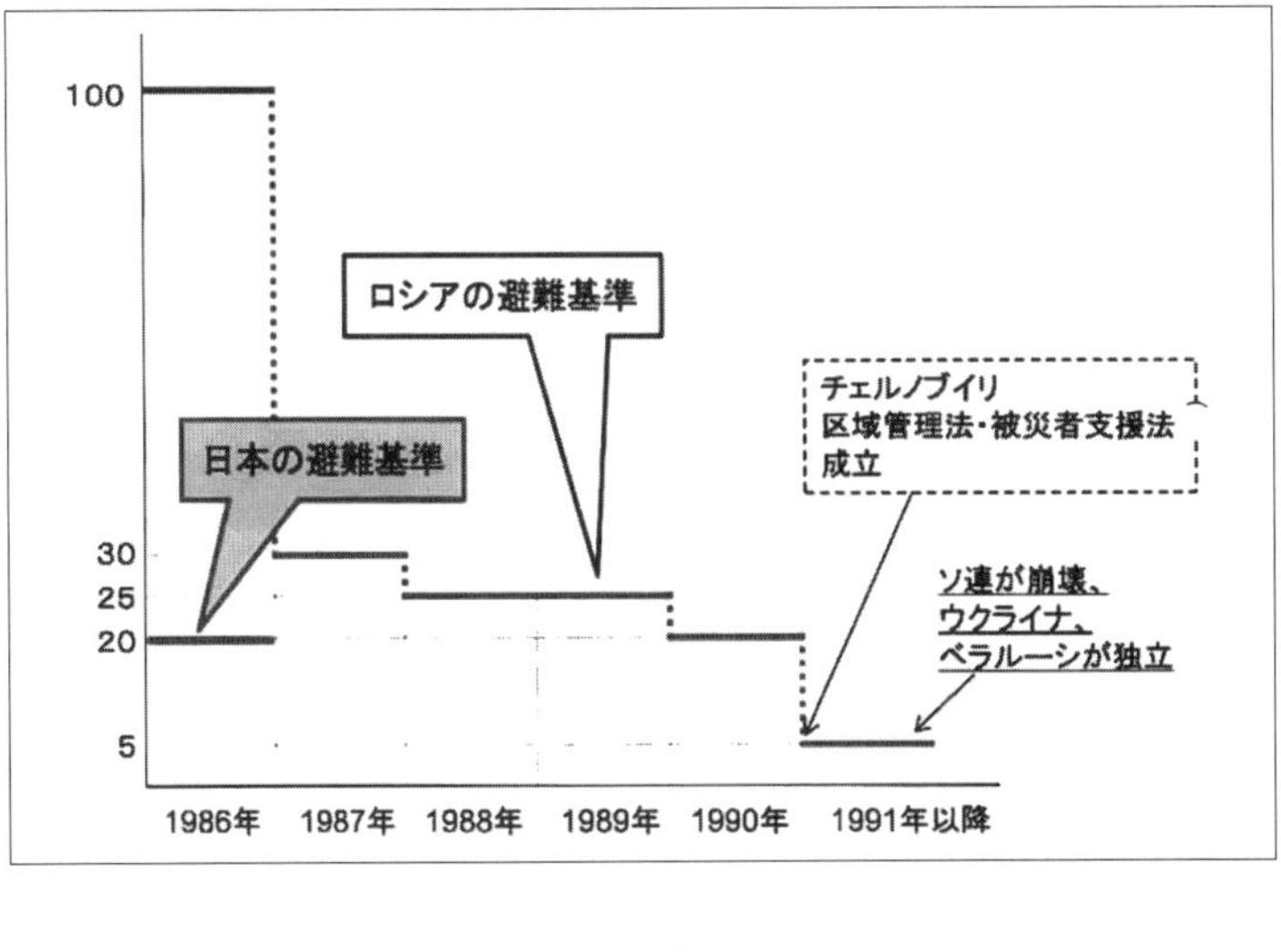

イリ法の5ミリ移住義務基準を同じ「避難基準」として並べることは、ミスリーディングである。

ちなみに、ソ連は事故以前から放射線安全基準で年間5ミリシーベルトを一般住民の被曝限度として定めていた。91年のチェルノブイリ法で定められた5ミリシーベルト限度基準は、どこからから降ってわいたものではない。もともとのソ連の放射線基準の法的根拠に従ったものだ。

日本の年間20ミリシーベルト基準は非常時に導入された基準であるのだから、ソ連同様、段階的な引き下げ、事故5年後には平時基準への切り替えが求められる。この出張報告書は、そのことにまったく言及しない。

それどころかこの後、この報告書では「5ミリシーベルト移住義務基準」「1ミリシーベルト基準」がいかに不合理なものであるか、という点を繰り返し強調する。そのために、引き合いに出すのが被災国の有識者や政府関係者からのコメントだ。

チェルノブイリ被災国の専門家たちが「1ミリシーベルトはソ連末期の政治的ポピュリズムの産物」「もっと緩い基準の方が合理的」と言っている。このようなコメントを利用して、報告書は1ミリシーベルト基準に基づく補償や支援がいかに、無意味かつ逆効果なものであるか強調する（次頁表2）。

しかし、これらのコメントは、まったく文脈を無視して引用されている。またはコメントそれ自体が政治的な意図に基づくものである。それぞれのコメントについて、その背景を解説し、引用の問題点を指摘しておきたい。

❶事故処理の最初の数年における失敗のひとつは、1988年以降に人々の大規模な移住プログラムが実施されたことである。

背景を知ったうえで原文を読めば分かるが、これは「事故から2年も経過した1988年以降になって」実施されたことが「見込み違い」（Proschot）であったという指摘だ。

事故当時広範囲の汚染マップも公表されず、一連の地域で事故から数年後

表2：調査報告書が引用したチェルノブイリの専門家のコメント

❶「ロシア政府・事故25周年報告」2011年4月
事故処理の最初の数年における失敗のひとつは、1988年以降に人々の大規模な移住プログラムが実施されたことである。
❷ウクライナ緊急事態省チェルノブイリ庁ホローシャ長官
仮にチェルノブイリと同様の事故が再び起これば、強制移住の基準を年間50～500mSvの間で設定する。年間50mSvのような低い基準であれば、経済的・社会的な影響を考慮して決定する。
❸ウクライナ大統領府国家戦略研究所ナスビット主任研究員
年間1mSv、5mSvは政治的に非常に保守的な数値を設定する必要があったからである。チェルノブイリ法は、ソ連から多額の資金を引き出すためのものであり、ソ連からの独立を企図して制定されたものであった。

に追加避難が行われた。遅きに失したと同時に、社会的混乱を招くことになった。同じ「ロシア政府報告書」には「こうして、チェルノブイリ原発事故収束プロセスにおける緊急避難及び計画的避難の実践経験が示すように、移住策は住民の被曝量低減の観点からは十分に効果的な対策であるが、そうであるのは事故後初期に実施した場合のみである」（26頁、傍点―筆者）と述べられている。

移住策自体の放射線防護上の意義は否定されていないのだ。問題となっているのは、大規模な移住策実施時期が88年以降になり遅すぎた、ということである。

❷ 仮にチェルノブイリと同様の事故が再び起これば、強制移住の基準を年間50～500ミリシーベルトの間で設定する。年間50ミリシーベルトのような低い基準であれば、経済的・社会的な影響を考慮して決定する。（傍点―筆者）

このコメントでホローシャ長官が念頭に置いているのは、過酷事故時（非常事態）の強制避難基準である。

ウクライナの放射線防護法（正式名：ウクライナ法「電離放射線の影響からの防護について」、1998年）の規定では、事故後最初の2週間の間に住民の被曝量が50ミリシーベルトに達しうることが予想される場合、緊急一時避難が実施される。

ただし、これは50ミリシーベルト／年までの被曝なら、何の防護もしないでその地域に住み続けてよいということを意味しない。同じ放射線防護法の第5条に、住民の平時の被曝限度は年間1ミリシーベルトと明記されている。

また同法は、事故後2週間で5ミリシーベルトを超えうることが予想される場合には屋内退避、児童の甲状腺被曝が50ミリグレイ（mGy）を超えることが予測される場合には安定ヨウ素剤による防護を実施する、ということも定められている。

これらの法規すべてを踏まえたうえで、事故の場合に50ミリシーベルトを基準に緊急強制避難を判断する、というのがホローシャ氏の説明である。50ミリシーベルトの被曝が推定される地域で、長期の定住を認めているわけではない。

❸年間1ミリシーベルト、5ミリシーベルトは政治的に非常に保守的な数値を設定する必要があったからである。チェルノブイリ法は、ソ連から多額の資金を引き出すためのものであり、ソ連からの独立を企図して制定されたものであった。

ナスビット主任研究員によるこのコメントは、放射線防護基準成立の歴史的事実と食い違う。まず、前述のとおり5ミリシーベルト基準はチェルノブイリ事故以前からソ連の放射線安全基準に定められていた。ウクライナのソ連からの独立とはまったく関係がない。そして1

ミリシーベルト基準は、ウクライナが勝手に設定したものではなく、チェルノブイリ法成立（91年2月）の数カ月前に、国際放射線防護委員会（ＩＣＲＰ）の主委員会が採択した勧告（90年11月）に示された基準だ。チェルノブイリ法は、このＩＣＲＰ勧告の基準を取り入れたものだ。

これらの基準設定を、ソ連末期の政治的駆け引きと結びつけるのは無理がある。ソ連解体から7年後に成立した前出のウクライナの放射線防護法（１９９８年）の中でも、1ミリシーベルト基準が再確認されている。ソ連末期のどさくさで定められた基準というなら、独立後のウクライナでなぜまたこの1ミリシーベルト基準が再度定められるのか、説明がつかない。

また、チェルノブイリ法について、ナスビット氏は「独立を企図したもの」という。しかし、独立後ソ連から資金が引き出せないことが分かった後も、ウクライナではチェルノブイリ法の運用を続けてきた。ナスビット氏のチェルノブイリ法解説は、何らかの意図に基づく、日本に対するディスインフォメーション、虚偽の情報提供である。

もちろん、調査をした日本政府の担当者たちは、こういった1ミリシーベルト基準やチェルノブイリ法の背景を解説することはない。これらのコメントをそのまま、「チェルノブイリ法は失敗」「1ミリシーベルト基準は不合理」という印象づけのために使っている。そして、そんな失敗法や失敗基準を参考に作られた子ども・被災者生活支援法もまた、彼らにとっては警戒すべき法案なのである。

確信犯は誰か

たしかに、予算難のチェルノブイリ被災国で、現地の官僚に聞けばチェルノブイリ法が「手厚すぎて予算負担が重い」「法律に書かれた通り全部の施策に予算をつけるのは無理」というようなコメントをする。

しかし、そのコメントの中身をよく見ると「45歳からの早期年金支給、年金の上乗せ支給の費用負担が重い」「0・5ミリシーベルトの地域も対象にすると、範囲が広くなりすぎる」など、どの部分が「手厚すぎる」のかについて具体的な指摘がある。

そして「チェルノブイリ法の予算負担」を強調するウクライナやロシアの官僚ですら、医療や健康診断に関する施策、特に子どもに対する施策は「重点的に続けなければならない」と主張する。1ミリシーベルト基準や、健康調査について「不必要」と言っているのではないのだ。

また、何度も登場するナスビット主任研究員の発言には、発言そのものに何か作為的なものが感じられた。この研究員の名前を目にするのは、初めてではなかった。

「尾松さんはチェルノブイリ法を参考にって言うけど、ウクライナの研究員が、チェルノブイリ法をマネしちゃいけないって言ってるよ」

知人のライターから、そんな風に言われたことがある。当のウクライナ人が「悪法」と呼んでいるものを、日本にわざわざ紹介する必要があるのかという指摘だ。そして、そのとき彼が見せてくれたのがこのナスビット氏の講演資料だった。

2012年2月4日、福島市で行われた「福島復興セミナー」と題するイベントで、このナスビット国家戦略研究所研究員が講演しているのだ。「ウクライナのチェルノブイリ事故による長期的影響への対処」と題した講演だ。

論旨は明確である。ウクライナのチェルノブイリ対策の失敗を伝え、福島の復興のため反面教師にさせようというものだ。

この講演の中でナスビット氏が繰り返し強調するのが、被災者を法的に補償しようとすると、逆に被災者の受け身の姿勢が強まり、社会経済的に回復できなくなる、ということだ。特徴的なのが、次のような主張だ。

「住民の社会、医療的、そして心理学的リハビリに関する問題、彼らの放射線防護、放射線モニタリングの実施、そして経済的回復に取り組もうとすれば、法的／規制的な枠組みに重大な欠陥がある」

「放射線被曝の削減を狙いとした人々の活動を喚起することよりも、人々に関する保護主義的手段を優先する、その結果、汚染地域の住民の間に社会的消極性と温情主義的ムードが生まれる」

そしてナスビット氏は「我々は必ず成功する」と締めくくる。その成功の条件は「法的な規定によって」ではなく、以下の2点であるという。

「原則として国際的組織の支援により、住民がイニシアチブをとる」

「地方当局が、地方コミュニティーの生活の実際的（形式的でなく）責任を負っており、中央政府から多くの支援を期待しない」

つまりは言ってしまえばこういうことだ。国の責任で被災者を保護するような法律を作ってはいけない。IAEAや国連開発プロジェクトのような国際機関の指導のもと、被災自治体の責任でやらせればよい。まるで、まさに現在進行形で作られようとしていた子ども・被災者生活支援法をターゲットにしたような発言だ。

12年2月4日といえば、筆者が支援法策定のためのWTで「チェルノブイリ法を参考にした立法」を訴える10日前にあたる。このWT会議の直前に、ウクライナの専門家が福島県を訪れ「チェルノブイリ法批判」を行ったのは偶然だろうか。

前述のとおり、すでに11年10月に民主党PTで筆者がチェルノブイリ法を紹介し、同12月には法案策定に向けた動きが始まっている。ナスビット氏の講演の前日、12年2月3日の朝日新聞は、「日本版チェルノブイリ法」を民主党政権が検討する動きとして伝えている（「原発被災者の権利保護法民主検討　移住権や帰還権定める」）。

この朝日新聞の記事以前にも、法案策定の中心となる議員はブログなどで、チェルノブイリ法を参考にした法案策定の必要性について言及していた。

日本にチェルノブイリ法のようなものが作られようとしている。そのことは、当然日本政府だけでなく、海外からもウォッチされていた。日本版チェルノブイリ法ができることを阻止しようとする、水面下の動きは始まっていた。このナスビット氏が講演した「福島の復興のためのセミナー」とは何だったのか。

インターネットの告知によれば、福島の復興に取り組む国・自治体関係者、専門家や農協関係者など地元の人々にチェルノブイリでの復興に向けた取り組みを紹介し、一緒に考えるという。セミナーの告知を見ると主催はＩＳＴＣ／ＳＴＣＵとある。この組織は何ものなのか。ロシア語の情報検索で一通り調べてみる。英語でもすぐに情報にヒットする。

国際科学技術センター（ＩＳＴＣ）はソ連崩壊直後92年の米国、日本、ロシア連邦、ＥＵの合意によって設立された国際機関。ソ連時代に量産された、核技術者、大量破壊兵器技術者が、ソ連崩壊により他国に流出し、核拡散につながることを防ぐため、これら技術者が民生・非軍事プロジェクトで生計が立てられるようにすることがミッションだ。ウクライナ科学技術センター（ＳＴＣＵ）はＩＳＴＣのウクライナ支部である。

このＩＳＴＣの活動は、ウクライナやロシアの核技術者がソ連崩壊により、イランや北朝鮮に大量流出することを防ぐことが目的ともいえる。それら技術者の職を確保し、流出させないために、民生用原子力、つまり原発関連分野は重要な受け皿である。

福島第一原発事故により、各国が脱原発に向かうことはISTCにとって脅威であろう。チェルノブイリ法のように、1ミリシーベルト基準で広く国家補償を義務づける法律が一般化すれば、原子力を運用することに伴う財政リスクは高まる。

チェルノブイリ法は、原子力分野の維持発展にとって、二度とほかの国に作らせてはいけない、できるならば早くつぶしたい、目の上のたんこぶなのだ。

ナスビット氏の名前を見るのはこのセミナー資料だけではない。2011年以降、多くのジャーナリストや官・民の視察団が、チェルノブイリ調査でウクライナを訪問した。その際に、必ずと言っていいほど政府側の専門家として対応するのがこのナスビット氏だ。

例えば、13年5月ウクライナを訪問した日弁連の視察団が、やはりナスビット氏に会っている。同視察団の報告書によれば、その際にナスビット氏は、やはり「チェルノブイリ法の基準」の不当さを訴えている。

「5ミリシーベルトが強制避難の対象となっている法的根拠」について尋ねられ、ナスビット氏は次のように答えている。

「学問的には成り立たない。5ミリシーベルトは政治的決定でしょう。何か別の基準から導き出されたものでしょう。キエフ州の自然放射線量は5ミリシーベルトです。だからといって、キエフ市民すべてを避難させる必要はないでしょう」

「詳しく分からないが、説明を試みよう。似たような数値や国際的な基準もある。しかし、5ミリシーベルトの根拠は見当たらない。4でも7でもよかったのかもしれないが、きりが良かったのかもしれない。5とすると非常に広い地域が補償の対象になることも理由かもしれない」

上述のとおり、ソ連の放射線安全基準はチェルノブイリ事故前から、年間5ミリシーベルトを住民の被曝限度値として定めていた。ソ連時代からの専門家である彼が知らないはずがない。20ミリシーベルト基準にお墨付きを与える意図で、5ミリシーベルト基準の「根拠は見当たらない」ふりをしている。

また、キエフ州の自然放射線量（チェルノブイリによる汚染を含まず）が年間5ミリシーベルトというのもデータに基づく発言ではないが、仮にそうだとしてもこの説明はおかしい。チェルノブイリ法は、自然放射線量に上乗せして、チェルノブイリ起源の追加被曝量が5ミリシーベルトを超えることを問題にしている。追加被曝規定であることは、チェルノブイリ法をくまなく知るナスビット氏が知らないはずがない。チェルノブイリ法の原文を読めない日本からの客人に誠実な説明とは言えない。

「私がいつもオープンに話をしてきたことは今中さんに聞いてもらえば分かる」と、ナスビット氏は今中哲二氏の共同研究者であったことを引き合いに出し、日本との密なつながりをアピールする。「政策分析を始めているのも、日本側の今中さんのご要望に応えている、ということもある」とも述べている。

そして「チェルノブイリ法によって、人々に大きな悪影響を与えている」といつもの主張を繰り返す。こういった話は視察団のメンバーに、十分な効果を与えたようだ。

視察団の参加者は報告書の最後に、視察の感想を記している。

視察に参加した弁護士の一人は、次のように書いている。

「「就労、教育、心理、健康、医療などの面で、チェルノブイリ法を十分に検討し、参考にしなければならない。」と思い調査に参加した。そのような思いを持っていた者としては、ナスビットさんの言葉は衝撃であった。より一層、迷いが深まってしまった」

日本にチェルノブイリ法を作らせまい。「チェルノブイリ法は悪法」という考え方を広める。ナスビット氏の広報は、着実に「チェルノブイリ法から学ぼう」という民間の動きをなえさせることに、一定の効果を持った。

広報対象は政府関係者にも及ぶ。例えば、13年5月7日に、根本匠復興大臣（当時）はウクライナ視察の報告会見を行い、次のように述べている。

「チェルノブイリ法の中身についてお話がありました。要は、チェルノブイリ法では、結局5年間共産主義政権、ソ連の下で情報が非常に不足していて、日本と違って、事故による汚染がチェルノブイリは非常に多かったのです。事故後5年目にしてウクライナ政府が樹立されて、そしてチェルノブイリ法というものを作った」（13年5月7日、復興庁記者会見録）

これはまったく事実に反する内容だ。チェルノブイリ法成立当時（91年2月）ウクライナはソ連の共和国であり、独立はしていない。やはり、チェルノブイリ法はソ連末期のウクライナ独立時にどさくさに紛れて作られた、という説明を受けたらしい。

「私が会ったのは環境・天然資源省のプロスクリャコフ大臣と立入禁止区域管理庁のホローシャ長官、それから国立戦略研究所の所長を含めた研究員の方々です。国立戦略研究所というのは大統領直轄の府ですから、その有力なトップの方々からそういうお話がありました」と根本氏は述べている。「国立戦略研究所の有力なトップ」の方々のうちに、ナスビット氏がいることは言うまでもない。前出の日弁連視察団との会談の中で、ナスビット氏は「私のプレゼンは日本の環境副大臣にもみせた。根本復興大臣にも見せた」と述べている。

このようにナスビット氏（およびその仲間たち）は、日本の復興大臣に間違ったチェルノブイリ法の知識をインプットすることに成功している。そして「国家補償法を作りたくない」日本政府の自己正当化に、助け舟を出した。

ナスビット氏は国立シンクタンクの研究員という。なぜこの「チェルノブイリ法のようなもの」を日本に作らせない、という仕事にこんなに一生懸命なのか。日本に「自分たちの失敗を繰り返させない」ために、なぜこんなに骨を折ってくれるのか。前出のＩＳＴＣとはどういう関係なのか。

これだけ名前と顔を出し、持論を熱く語る。彼が展開する論理も、原文の資料に当たって裏を取られれば、かなりの部分が破たんする。

　彼のこれまでの発言や、講演などの内容を探ってみる。露日英、３カ国語で検索するだけでもいくつか手がかりがヒットする。すると、日弁連の視察団に対して彼が話していないことが一つ一つ明らかになる。

　例えば09年6月2日〜4日にキエフで行われたセミナーでナスビット氏が行ったプレゼン資料が見つかる。「チェルノブイリ原発事故影響に関する主な情報源」というタイトルのスライド資料。どのような情報媒体やソースでチェルノブイリ被害の情報を伝えるか、というリスクコミュニケーションに関する報告だ（図3）。

　そこで、目に留まったのがナスビット氏の肩書きである。国家戦略研究所研究員ではなく、「IAEA Expert」と記載されている。

　また、09年2月26〜27日にモスクワで行われたセミナー「チェルノブイリに関する情報の普及（インターネットの活用）」においても、ナスビット氏は「ＩＡＥ

図３：IAEA エキスパート、オレグ・ナスビット「チェルノブイリ原発事故の影響に関する主な情報源」のスライド資料（2009 年 6 月）[右]。 2009 年 2 月のセミナーに、ナスビット氏はIAEA エキスパートとして参加した［左]。

8

МЕЖДУНАРОДНОЕ СОТРУДНИЧЕСТВО

РБИЦ принимает активное участие в деятельности международной информационной и научно-исследовательской сети по Чернобылю, организации и проведению международных конференций и семинаров МАГАТЭ, ПРООН.

Региональный семинар-практикум «Распространение информации, связанной с чернобыльской тематикой (с использованием Интернет-ресурсов). Региональный проект технической кооперации МАГАТЭ. Международный проект ICRIN, Москва (РО РБИЦ), 26-27 февраля 2009 г.

Семинар открывают О.И. Насвит (эксперт МАГАТЭ) и Т.А. Марченко (МЧС России).

«Деловую игру» с участниками семинара проводят эксперты МАГАТЭ: Я.Э. Кенигсберг, В.Б. Бериовский, О.И. Насвит

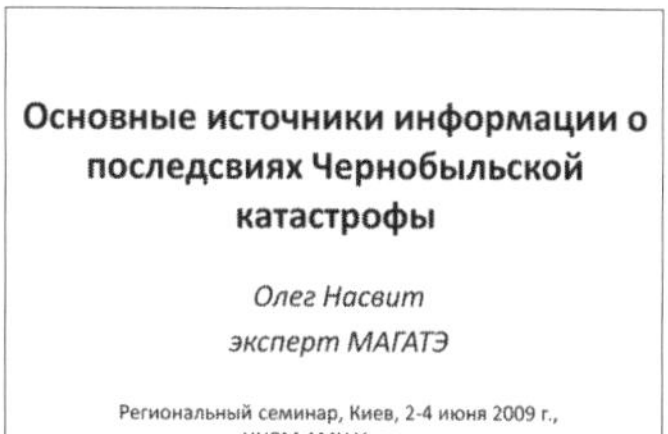

Aエキスパート」として出席している。

13年5月に日弁連の視察団を受け入れた際には、「IAEAエキスパート」として活動していたのかどうか分からない。視察団のメンバーには、「チェルノブイリ対策省、非常事態省、ウクライナ科学アカデミーに勤務した」とそれまでの自分の経歴を語っている。今中哲二氏との共同研究にも言及している。しかし、自らのIAEAとの関係には一言も言及していない。

べつにIAEAだからなんでもいけないというのではない。核不拡散に取り組む機関としての役割すべてが否定されるものでもない。ただナスビット氏が、原子力発電所事故被害の評価を行う立場にたって、ウクライナ語やロシア語の分からない相手に被害者補償制度を説明するのなら、自分の原子力業界とのつながりを伏せて話すことはフェアではない。

彼がIAEAのエキスパート（または元エキスパート）であり、ISTCのミッションの枠内で話しているのだと分かれば、受け取り方も違うはずなのだ。「今中さんと共同研究をしてきた」「チェルノブイリ対策省に勤務」という点ばかり強調し、原子力の推進機関との関係には言及しない。

「チェルノブイリ法なんて、うまくいってないんでしょ」「支援法はもう骨抜きになったから、もう意味がない」「そもそも、日本はソ連以下なんだから。政治に期待してもダメダメ」SNSでも、市民団体の集会でも、こんな言葉を聞く。日本版チェルノブイリ法をつぶす運動は、成功した。

使える先例はすべて参考に、長期的な被害に対応できる法律を作らなければならない、大事な時期であった。その一番大事な時期に「チェルノブイリと福島は違う」「チェルノブイリ法は失敗」というキャンペーンを受け、一部の根気強い運動を除き、市民社会がこの貴重な先例から学び、すべてをかけて立法に向かう気力を失ってしまった。

ナスビット氏は、一人の駒に過ぎない。彼のような無数の駒が、膨大な予算をかけて、アンチ・チェルノブイリ法キャンペーンは展開した。

そして僕たちは情報戦に負けた。

ネットでひけばすぐＩＡＥＡの専門家と分かるような人間を対日広報に使うなど、実はキャンペーンとしてはあまりうまくない。ナスビット氏のような広報官の言い分は、一つ一つ原文に照らし合わせれば、その矛盾やおかしさはたちまちに露呈する。

しかし、これはロシア語、ウクライナ語のソースを探り、分析するという作業だ。相手側の広報の裏を取り、法文を原文で分析する。最低限、そのくらいのことができるレベルでないといけない。

視察団やジャーナリストたちは、言語の壁を甘く見ていなかったか。通訳をつけた調査で、いったいどこまで相手の裏が取れたのか。

なぜ事前に、ヒアリング相手のプロフィールや、それまでの講演資料を読み込むくらいのことはしておかなかったのか。ロシア語のリサーチャーを雇って事前調査を徹底するという、調査の成否を決める一番重要な部分を抜きにして、現地に飛び込んだからだ。

一方で、一般の被災者を対象にした日本の記者たちの取材は、ありきたりの旧ソビエトの悲劇を描くストーリーが最初から決まっている。「補償金の支払いがストップした」「法律が守られていない」という被災者の悲痛なコメントを日本に伝え、「遠い国のかわいそうな人たち」の物語が量産される。それらの記事も、被害者保護法を作りたくない日本政府にとっては助け舟だ。「チェルノブイリ法なんてどうせ役に立っていない」「参考にする必要はない」という論拠になっている。その「かわいそうな人」たちが、チェルノブイリ法と憲法を武器に国を相手どり、いくつもの訴訟を勝ち抜き、権利を証明した姿は誰も報道しない。

そのような無防備の民間視察団や記者が2011年以降、日本からひっきりなしにチェルノブイリ被災国に押し寄せる。ISTCやIAEAのような立場から、誤った情報をインプットするにはもってこいだ。

「現場で聞いてきた」と得意げにその情報を、視察団は日本に伝える。

「尾松さんはチェルノブイリ法を参考になんて言うけどさ。現地で聞いてきたら、みんな「こんな法律役立たずだ」って言ってたよ」

子どもが教師の間違いを見つけたように得意げに、ウクライナ帰りの、ベラルーシ帰りの知人たちは僕に教えてくれる。

その間にも、政府は膨大な翻訳費と通訳費をかけて、チェルノブイリ被災国の資料を入手し、人脈を築き、情報の囲い込みと論理武装を続けている。

日野記者の調査報道がなければ、政府によるアンチ・チェルノブイリ法調査が明るみに出されることもなかった。このような極秘調査は、氷山の一角に過ぎない。

「チェルノブイリ被災地の経験」は、特定の立場から、特定の部分だけ日本に伝えられ続ける。多くの大事なことが隠されたまま。その情報戦に、僕たちは負け続ける。

［日野］

為政者たちの「本音」

「僕らはどちらかというと避難指示した人の対策だからね。子ども支援法っていうのはどちらかと言うと頭にはないし、余裕もないよ。20ミリの外なんてね。区域見直ししたら戻すわけだから、そのときにどうするかって話なんだよ。いくらで戻すかということ」

被災者の前では決して聞くことのないあからさまな本音を聞き、動揺と興奮を抑えるのに精一杯だったのを覚えている。

「年間1ミリシーベルトや5ミリシーベルトという基準は過度に厳しいのか」

そう質問を重ねるのがやっとだった。

「そうそうそう。だから空間線量計だけでやっていたでしょ。もともとそれっておかしいじゃないの。個人線量計（が正しい）なんじゃないのと。チェルノはミルクや野菜をがんがん食べちゃったから内部被曝だし、幸いにしても福島の人は内部被曝（対策）はきちっとしているんだけどね。前々からチェルノはどうかというのを調べたいとは思っていたんだよ」

発言の主は経済産業省の菅原郁郎・経済産業政策局長（当時）。菅原氏はつまり、事故後に定めた年間20ミリシーベルトの基準で避難指示解除するのは正しいと言いたいのだ。

当時、菅原氏の名前を毎日新聞の記事データベースで検索すると、首相の動静を短信で報道する「首相日々」を中心に、約30件のヒットがあった。民主党政権時代は細野豪志環境相（原発事故担当相）、自公政権になってからは甘利明経済再生担当相に同行していることが多い。つねに国家の中枢で、原発事故の被災者政策を担ってきたことがうかがえた。

菅原氏には当時、「内閣府原子力被災者生活支援チーム事務局長補佐」というもう一つの肩書きがあった。支援チームは原発事故後に作られた特別チームで、当時のメンバーは約30人。一人を除いて全員が経産省から来ていた。いわば経産省の別働隊で、避難指示の解除に向けた被災自治体や被災者との交渉が主な仕事だった。

原発を推進してきた経産省は事故の原因者とも言え、霞が関のロジックでは「責任を取った」ということになるのだろうが、それなら、なぜ「内閣府」の看板を使うのか疑問だった。「経産省の名前を隠しているわけではない」と言うが、支援チームの組織構成や幹部名は公表されていなかった。

新聞社において経産省は経済部が担当している。社会部（当時）の筆者が経産省の菅原氏に取材することになったのは、情報公開請求で入手した1通の報告書がきっかけだった。「チェルノブイリ出張報告──原子力発電所事故における被災者への対応について」

表紙には青い字で題がそう書かれていた。全30ページほどの薄いもので、Q＆Aの形でチェルノブイリ事故後の被災者支援策を説明している。

表紙に書かれていた作成時期は「平成24年8月」。しかしインターネット上でこの報告書を検索すると、公明党の国会議員がアップした表紙の写真が見つかった。そこに書かれていた作成時期は「平成24年5月」。支援チームの担当者に3カ月のズレを問いただすと、「コンピューターに残っていた文書を開示しただけだ」との回答だった。どうにも釈然としない。

報告書と合わせて開示された日程表によると、菅原氏ら支援チームと復興庁の職員約10人は2012年2月下旬～3月上旬、2班に分かれてウクライナ、ベラルーシ、ロシアの3カ国を訪問している。

ところで日本政府が事故後に決めた年間20ミリシーベルトの避難指示基準について簡単に触れたい。事故発生1カ月後の11年4月11日、日本政府は年間20ミリシーベルトを避難指示基準とすることを公表した。事故前の基準は年間1ミリシーベルトだ。事故直後の緊急時は年間20～100ミリシーベルトの間で基準を定めるよう規定するICRPの勧告に基づき、「緊急時の基準として設定した」というのが当時の説明だった。

しかし11年12月16日の「収束宣言」で緊急時を脱したはずにもかかわらず、年間20ミリシーベルトの避難指示基準は据え置かれ、そのまま解除の基準にすり替わったのだ。

ICRP勧告は、緊急事態後の長期汚染が続く状況（現存被曝状況）では「年間1～20ミリシーベルト」の間で基準を決め、できるだけ住民の被曝を低減するよう求めている。日本政府は緊急時にはあれだけICRP勧告を強調しながら、現存被曝状況にはほとんど触れていない。いわば勧告を都合良く利用したのだ。

薄い報告書だけに、作成者の意図は分かりやすい。事故から26年が経っても補償や支援が続くチェルノブイリの被災者政策を「反面教師」として、年間20ミリシーベルトを唯一の基準として、事故の早期幕引きを進める日本の政策を正当化している。

問題は、この報告書を当の被災者、国民には明らかにせず、有力者へのロビイングに使ったことにある。菅原氏は12年5月29日、チェルノブイリ視察について講演している。主催したのは「エネルギー・原子力政策懇談会」なる団体だった。ホームページや過去の報道を見ると、有馬朗人・元文相が会長、望月晴文元経産事務次官が座長代理で、原子力関係者が多いようだ。関係者によると、菅原氏の講演は一般には非公開で行われ、配布した報告書は講演後に回収していた。

また視察に同行した経産省幹部もこの翌日、公明党の会合で報告書について説明している。ちょうど同じ頃、国会では「子ども・被災者生活支援法」の審議が大詰めを迎えていた。

13年10月、同法の成立を主導した谷岡郁子元参院議員に報告書を見せると、「こんなもの見たことがない。支援法の骨抜きは既定路線だったのだろう。国会で公表して正々堂々議論してほしかった」と怒りを露わにした。

あまりに偏った報告書ではないか、また、なぜ公表しなかったのか、筆者が問いかけると、菅原氏はこう言い放った。

「偏りも何も僕らは中立機関でも何でもない。僕らが支援をやるに当たって知りたいと思った情報、政府の施策推進に当たって参考になる情報を得るための出張だ。出張報告なんてすべて公表するルールはない」

菅原氏は15年7月、事務次官に昇任。ついに位人臣を極めた。

これまで紹介したとおり、支援法は悲惨な末路をたどった。民主党政権時代の12年6月、「子ども・被災者生活支援法」は全会一致で成立した。国の避難指示から漏れ、賠償も支援もほとんどない被災者、そして自主避難者たちを救済するのが主な狙いだった。

一部国会議員の責任感によって産み落とされた法律だったが、事故後に引き上げた年間20ミリシーベルトの避難指示基準を唯一のものとして、既に避難指示の解除を目指していた「国策」と相容れず、ネグレクト（放置）されたまま漂流を続けていく。

13年6月、支援法の中身にあたる基本方針の策定を担当していた復興庁の水野靖久参事官（当時）による「暴言ツイッター」が毎日新聞の報道で発覚する。復興庁は即座に水野氏を更迭。個人的な不見識で済まそうとした。だが支援法、そして被災者に対する侮蔑に満ちたツイートの数々に失望は広がり、政府への疑念が深まっていく。

同年7月の参院選で自公が大勝して、衆参のねじれ状態を解消。政権基盤が安定すると、いよいよ避難の早期終了、そして事故の早期幕引きは加速化していった。

根本匠復興相（当時）は同年8月末、支援法の基本方針案を発表する。年間20ミリシーベルト未満の範囲で新たな線量基準を設け、支援対象地域を決めるという法律本来の趣旨を無視し、線量基準を設けずに、避難指示区域外にある福島県内33市町村を支援対象地域とした。さらに最も期待された実効性ある住宅施策は盛り込まれず、法律が目指す「避難の権利」の保障とはほど遠い中身になった。疑念は正しかったのだ。

それから約2年後の15年7月、竹下亘復興相（当時）は基本方針改定案を発表した。今度は「現在の線量からは、避難指示区域外から避難する状況にない」として、福島への帰還か、避難先への定住を求める方針を打ち出した。つまりは原発避難の終了を迫ったのだ。

これは17年3月までに帰還困難区域を除いて避難指示をすべて解除し、自主避難者への住宅提供を打ち切るとした国と福島県の方針を受けたものだ。避難指示すら解除されているのに、もはや自主避難者を支援する理由はない、ということだった。

15年8月26日、荒井聰衆院議員や川田龍平参院議員ら支援法の成立を主導した野党議員ら十数人が復興庁を訪れ、担当する浜田昌良副復興相に改定案への反対を申し入れた。だが改定案は前日、既に閣議決定されている。申し入れはもはや意味がなかった。

浜田氏は元経産官僚で公明党の参院議員。第2次安倍政権の発足とともに副復興相に就任し、自主避難者政策を担当してきた。

議員たちとの面談はメディアに非公開だった。その安心感だろうか、浜田氏は普段口にしない「本音」をまくしたてた。

浜田昌良氏（2015年7月17日）

「皆さん怒ってますけどね、（支援法の）「一定の基準」がどういうものか（法律の条文に）入れておいてもらわないと。（年間）1（ミリシーベルト）でもいいし、1じゃだめだって人もいるんですよ。12年12月で福島県が（みなし仮設住宅の）新規入居を止めちゃったでしょ。基本的に自主避難は支援しない約束で引き受けているんですよ」

期待された住宅支援など、最初からやるつもりがなかったのだ。

支援法のモデルとなったチェルノブイリ法をこきおろす一幕もあった。

「あの時の決め方はソ連が信用できないという政治的決め方だったでしょ。それで今は財政的に苦労している。我々は決めたものはきちっと財政支援する。チェルノブイリ法、我々も調査団送りましたけど、自給自足経済というか、農業で取ったものをそのまま食べるんですよ。牛乳も飲む。福島は農家でも市場で野菜とか買いますから」

どこかで聞いたことのある内容だ。支援チームの報告書とまるで同じだった。

「放言」はまだまだ続いた。避難の権利を完全否定せんばかりの内容だった。

「（福島）県外避難は2万人。支援対象地域に住んでいる人は１００万人もいる。福島市、いわき市は安心だとメッセージも出さないといけない。（子ども・被災者生活支援法）議連は一部団体の声以外も反映してほしい。戻った人や支援対象地域に住んでいる人の声もね。そういう人は説明会や議連にも出てこない。オープン（公開）でやるとアワプラ（インターネットメディア「Our Planet-TV」）が放送しちゃうから自民党議員もしゃべりにくい。説明会の顔ぶれがいつも同じだ。「プロ市民」的な人が来るのは良くない」

この直後に副復興相を退任しており、発言内容について浜田氏の事務所に取材を申し入れたが、断られることすらなく、完全に無視された。一方、なぜか復興庁の幹部から「説明したい」と筆者に連絡があったが、それでは意味がない。丁重にお断りした。

16年11月18日、国会内で、携帯電話で何か話しながら歩く浜田氏と鉢合わせした。私の顔を見ると、急に向きを変えた。筆者が追いかけていくと、「もう私は外れたからね」と笑顔を見せ、何も語らずに立ち去った。

第4章 闇に葬られた被害報告

日野行介

聞いたことのないチェルノブイリ文献調査

2014年3月、出版されたばかりのある本を読んで、この調査の存在を知った。その本は獨協医科大の木村真三准教授が書いた『放射能汚染地図の今』（講談社）だ。少し長いが、目に留まった記載を以下に紹介する。

民主党政権から自公連立政権に代わって3カ月のある日、私に一本の電話がかかってきた。文部科学省のとある部署からで、民主党時代に省庁で決定していた、チェルノブイリの健康被害を調べるプロジェクトが始まるから、審査委員になってほしいというものだった。電話を受けたとき、私はウクライナにいた。プロジェクトの内容を詳しく尋ねると、それは文献調査だった。欧米とは異なる形で科学が発展した旧ソ連圏でもあるチェルノブイリ被災地域では、文献が主にロシア語、ウクライナ語で書かれており、また、日本人があまり目にしていない文献も数多く存在する。その中身を確かめるため、請け負ってくれる事業者を公募するとともに、何人かの専門家に委員を依頼しているのだという。〔中略〕

東京で行われた専門家委員の会議の席を見渡すと、私とは違った立場で動いてきた学者がずらりと並んでいた。「年間100ミリシーベルト以下ではなんら影響が出ない」という海外の研究者の発言に依って立つ人も少なくない。〔中略〕

ウクライナへの現地調査に向かったのは、委員の中で渡航のスケジュール確保ができた数名と、コンサルティング会社の調査員であった。2013年2月、ウクライナ放射線医学研究センターのさまざまな研究室、マルゼーエフ衛生学・医学生態学研究所、内分泌・代謝研究所などを回り、甲状腺がんなどのがんと、それ以外に起こりうる健康影響について聞き取りを行った。

現地の研究者もさまざまな見解があるが、共通していたのは「一部の小児甲状腺がん」「高線量下で働く事故処理作業者の白内障と白血病」については、明らかに上昇したと認識していることだった。それ以外には、一部の研究者により、大人の甲状腺がん、事故処理作業者の呼吸器系疾患、女性の乳がん、血液関連の疾患、心疾患などを報告するデータが存在する。

［中略］

調査はこれだけでは終わらない。最後の「まとめ」をどのようにするかが肝心である。当然、委員や調査員が同じものを見聞きしても、まったく異なる結論に至ることがあるからだ。このまとめの作業が難航した。委員長をはじめとする数名は、国連科学委員会（UNSCEAR）が言及した疾患以外のものは「国際的に認められていない」として格下の取り扱いをするような表現をした。また、疫学的研究以外のエコロジカルな研究（地域、あるいは少人数の事例についての研究）についても、ばっさり切り捨てるような方向だ。しかし、それでは現地で聞き取ってきたものの多くを排除することになる。私は報告書の文言にこだわった。

そもそも、チェルノブイリで原発事故後に行われてきた研究では、ガラスバッジ、OSL線量計などを装着して直接的に外部被曝線量を測定したものはほとんど見たことがない。地域の土壌の汚染レベルによって住民の放射線リスクを比較しているのである。というのも、事故後の混乱の中、放射線量を測定する技術は整備されておらず、欧米と異なり疫学的研究を行えるような状況では到底なかった。それよりも、スクリーニングや予防に力を入れ、心ある研究者だけがエコロジカルな研究を独自に続けてきたのである。

しかし、日本の学者の多くはそのような歴史的背景を知らず、日本の現状と比較して「疫学的研究ではないから信頼できない」とすべてを否定する。こうしたやり方でものを言えば、チェルノブイリ原発事故に関する多くの研究は葬り去られることになる。だが、そもそも日本でも、事故直後のスクリーニングさえ機器不足でうまくいかず、まして全員の内部被曝や外部被曝を機器で測定することなどできなかったのだということを思い出してほしい。［中略］

実質、報告書の大部分を書き上げていたコンサルティング会社と、締め切りの最後の最後まで文言に関するやり取りをした。もちろん、委員は私だけではないので他の委員からの意見も採用された報告書になったが、最後まで修正を主張したのは私だけだった。

本来であれば２０１３年３月末に文科省に納入される予定だったが、発注元だった文科省の部署は３月末をもって原子力規制委員会に移管。原子力規制委員会にいったん見てもらってから報告書を発表するという流れになったようだった。この報告書はほとんど表に出ていないが、市民やマスコミの方も、問い合わせによって見られるはずである。

チェルノブイリ原発事故による健康被害をまとめた現地文献を日本政府が独自に調査したという話は聞いたことがなく、もちろん報告書を見たこともなかった。インターネット上で検索したが該当するものが見つからなかった。

それでも、ここまで書いているのだから、文科省がチェルノブイリの健康影響に関する文献調査を実施し、報告書まで作成しながら、未公表のものが存在するのだろうと見当をつけた。

国会図書館にあった調査報告書

筆者は2014年春、原子力被災者生活支援チームが個人線量計の調査結果を半年間にわたり公表していない問題を報道していた。

余談だが、個人線量計で測定すると身体によって遮蔽《しゃへい》されるため、「その場」の放射線量を表す空間線量よりも低い数字になる。年間20ミリシーベルトを下回った地域の避難指示をスムーズに解除するため、個人線量計を使うことで被曝線量を低く見せる政府の意図は明らかだった。

この取材を通じて木村氏と面識があったこともあり、すぐに電話をかけて面会を申し入れた。著書で触れていた文献調査について詳しく聞きたい趣旨を伝えると、木村氏は「ああ、あれね。何日か前に別の新聞記者からも同じような問い合わせがあった」と笑った。

筆者は14年4月30日、栃木県壬生町にある獨協医科大に木村氏を訪ねた。

木村氏は11年10月、森裕子副文科相（当時）とともにウクライナを訪問し、チェルノブイリの知見を国で調査するよう勧めたのだという。そして森氏の提案で12年度に調査を実施することが決まった。

しかし森氏は12年4月で副文科相を退任。さらに同年12月16日の衆議院議員選挙で自公政権が誕生した。後ろ盾はいなくなったが、既に予算は確保されており、13年3月の年度末を期限として、調査は急ピッチで進んだという。

しかし調査を受託したコンサルティング会社が提示した報告書の原案は「(放射)線量の裏付けがない」ことを理由に、被曝と健康被害との因果関係を否定する意図が明らかな内容で、木村氏にとっては不本意な内容だった。木村氏は書き直しを求め、一部は書き換えられたが、基本的な方向性はそのままだったという。

著書の中で、木村氏は調査の存在を暴露しているが、調査の名称や受託した企業、研究者の名前など、具体的な情報を明らかにしていない。理由を尋ねると、木村氏は「調査の存在を公表する場合は他の委員の同意を得るよう言われた」と答えた。

それでも木村氏は、国立国会図書館で報告書を閲覧できると耳打ちしてくれた。早速行ってみると、それらしい報告書が見つかった。「チェルノブイリ事故の健康影響に関する調査報告書」の題で、作成時期は13年3月となっていた。閲覧すると、調査委員一覧の中に木村氏の名前もあった。

その後、野党のある国会議員が報告書を入手していたことも判明した。その議員事務所に問い合わせると、すぐに報告書を提供してくれた。

調査対象は二つの現地文献

主に調査の対象となったのは、チェルノブイリ原発事故の健康影響に関する二つの現地文献だった。「ウクライナ政府25周年報告書」と「ヤブロコフ報告書」だ。

チェルノブイリ原発事故を巡っては、IAEA（国際原子力機関）やWHO（世界保健機関）、UNSCEARが、事故処理作業員（リクビダートル）の白血病と白内障、そして事故直後に体内に取り込んだ放射性ヨウ素が引き起こしたとされる小児甲状腺がんの増加について、被曝による健康被害と認めている。

しかし現地の医師や研究者たちは、それ以外にも様々な健康被害が増加していると主張。両文献には国際機関が認めていない健康被害が数多く盛り込まれている。

チェルノブイリ原発事故25年の節目で、ウクライナ、ベラルーシ、ロシアの3カ国はそれぞれ政府報告書を発行している。そのうち最も広く健康被害を認めているとされるのがウクライナだった。

緊急事態省が取りまとめた「ウクライナ政府25周年報告書」のタイトルは「将来に向けた安全」。住民避難や収束作業などの事故経過から、土壌や水、動植物などへの環境汚染の状況、経済損失、廃棄物の管理にいたるまで、事故によって生じた問題を網羅している。そして全8章のうち1章を健康被害に割いている。

1986年から87年にかけて従事した事故処理作業員（リクビタートル）のうち、健康な人の割合が67・6%（88年）から5・4%（08年）まで低下し、逆に慢性の非がん性疾患を抱える人の比率は12・8%（88年）から83・3%（08年）に上昇したとするデータなどを掲載している。

一方、「ヤブロコフ報告書」は、アレクセイ・V・ヤブロコフ氏（ロシア）ら現地の研究者が、スラブ系の言語で書かれた文献を収集して編集したものだ。2007年にロシア語で発表した内容に新たな文献を加え、09年に英語版が出版された。放射能汚染、健康影響、環境影響、放射線防護の全4部のうち、健康影響に大半のページを割き、血液や心臓、呼吸器や生殖器に至るまで、小児甲状腺がん以外にも広く健康被害が生じていることを示すデータを紹介している。

例えば、①94年から2004年にかけて子どもの循環器系疾患の発生率が2倍以上に上昇し、高血圧症も6倍に増加した（ベラルーシ）、②セシウム137による汚染度の異なる38集落の子ども1251人を6年間（93〜98年）観察したところ、そのデータから汚染度の高い地域ほど赤血球、血小板、白血球数とヘモグロビン量の有意な減少が認められた（ウクライナ）、③汚染地域の女性が産んだ新生児において、非感染性の呼吸器疾患が大惨事（チェルノブイリ事故）前の9・6倍になった（ロシア）、など国際機関が認めた小児甲状腺がんの増加以外にも広範な健康被害が引き起こされたと主張している。

二つの現地文献、特に「ヤブロコフ報告書」は、事故による被曝線量の評価が不確実であるのが前提だ。第2章のサマリー（要約）にはこう書かれている。

国際原子力機関（ＩＡＥＡ）、世界保健機関（ＷＨＯ）、および原子放射線の影響に関する国連科学委員会（ＵＮＳＣＥＡＲ）が要求する判定基準を用いた結果、チェルノブイリ由来の放射性降下物に被曝した人々の死者数や、疾患の範囲および程度が著しく過小評価された。被曝データはそもそも存在しないか、もしくは非常に不十分であり、その一方で、被曝がもたらす多くの有害作用の兆候がますます明らかになってきた。

そもそも被曝線量のデータは乏しく、不正確な推定に基づくものであるから、健康被害と被曝の因果関係を裏付ける被曝線量のデータがなければ「科学的に認められない」とする国際機関の姿勢は誤りであり、「大惨事の影響を小さく見せようとするあからさまな欲求」とまで批判している。

姿勢の違いは数字で如実に表れる。05年9月のチェルノブイリフォーラムで、ＩＡＥＡなどの国際機関は将来にわたる推計死者数を４０００人と発表した。一方、「ヤブロコフ報告書」は最大で98万５０００人という推計死者数を示している。

福島第一原発事故が起きる前、両文献は和訳版が公表されておらず、日本で知る人は少なかった。しかし被曝による健康被害に関心が高まると、内容を紹介する報道もちらほらと見かけるようになった。

12年9月、NHKのETV特集「チェルノブイリ事故・汚染地帯からの報告」が「ウクライナ政府25周年報告書」を紹介している。また京都大原子炉実験所の今中哲二助教（現研究員）らのグループは和訳に取り組み、16年1月に約400ページに及ぶ全訳版をウェブ上に公開している。また「ヤブロコフ報告書」はショッキングな推計死者数が話題を呼び、13年4月に『調査報告　チェルノブイリ被害の全貌』の邦題で岩波書店から出版された。

文科省の調査報告書に書かれていたこと

文科省の報告書に話を戻したい。受託したのは、電力会社も出資する東京都内のコンサルタント会社で、費用は約5000万円だった。調査を評価する調査委員となった研究者は長瀧重信・長崎大名誉教授ら11人（オブザーバー一人を含む）で、木村氏を除くと行政の審議会や委員会に参加する研究者が多いようだった（長瀧重信氏は16年11月、御逝去されました。謹んでお悔やみ申し上げます）。

冒頭に結論と調査方法の説明があり、最後にウクライナとベラルーシで行った計3回の現地ヒアリングの記録が掲載されている。全400ページのうち最も多くを占めるのが、両文献に記載された健康被害124カ所を抽出し、被曝との因果関係を裏付ける放射線量の評価がされているか分析した部分だ。

報告書の冒頭にある「はじめに」は、委員長の長瀧氏が執筆している。考え方が表れている箇所を紹介する。

福島第一原発事故以来日本から現地を訪れる個人、団体、報道機関、あるいは外国の研究者などを通じて、上記の国際会議（チェルノブイリフォーラムなどを指す）の報告書では認められていない健康影響が存在する、例えば、チェルノブイリ事故で80万人がなくなった、事故による被ばくのために子供の血液、免疫、内分泌、呼吸器など多くの非がん疾患、多くのがん疾患が増え、子供の半数以上が病んでいる、老化が促進され、死亡率が増加しているなどと報道されている。福島第一原発事故の被災者を抱える我が国としては見過ごすことのできない情報である。これらの報道内容に関して国民的合意の「科学的に認められる」という立場から分析を行うことは、我が国の科学者として避けてはならない義務である。

そして「結論」はこう書かれている。

今回調査した範囲内では、放射線被ばくとの定量的な関係があると科学的根拠をもって判定できる研究は確認できなかった。事故直後に住民の直接的な被ばく線量を測定する態勢を構築するのは難しく、チェルノブイリ事故では個人の被ばく線量が得られている人達は限られていたため、被ばく線量との関連を個別に検討することが困難であった。

やはり木村氏の著書に書かれていたとおりの結論だった。ＩＡＥＡやＵＮＳＣＥＡＲなどの国際機関と同じ立場で評価するのだから、当たり前の結果と言える。

残った非公表の謎

筆者は２０１４年10月の人事異動で、社会部から特別報道グループに移った。この部署の使命は行政の発表に拠らない調査報道だ。上司からも「今まで通りやってほしい」と、ありがたい一言を頂き、それまでと同様に原発事故を巡る調査報道を続けることになった。

余談だが、調査報道は「一点突破、全面展開」が理想だと考えている。これまで隠されてきた一点の重い事実、隠す側にとっては「痛点」とも言える事実を報道することで、その分野が抱えている本質的な課題や矛盾をえぐり出すイメージだ。

ＩＴ社会の進展に伴い、マスメディア、特に新聞社は、行政の発表に拠らない調査報道こそが存在意義であり、生き残りの道と言われるようになって久しい。しかし、調査報道はそう簡単なものではない。報道の根拠となる情報を自分で集め、独自の視点で論理を組み立てなければならない。さらに為政者にとって不都合な真実を暴こうとすれば、報道するハードルは格段に上がる。

つまりは手間もかかり、リスクも大きい。個人的な感覚だが、1年間で一つのテーマを報道できれば御の字ではなかろうか。与えられた時間には限りがある。不用意に手を広げれば、二兎を追う者のことわざではないが、何も成果を得られない危険性も出てくる。

入手した報告書の中身、そして背景を深掘りしていくことで、チェルノブイリ原発事故の知見が日本で生かされているのかを検証する必要があると感じた。ただ、腑に落ちない点があった。政府が報告書を公表していないことだ。

まだ世に出ていない事実、それも記者が深く調べることで初めて世に出るのが調査報道だ。もちろん公表されていれば、その報告書の存在を報じる意味は乏しくなる。だが報告書は、チェルノブイリの健康被害がＩＡＥＡなどの国際機関が認めたよりも深刻だと訴える現地文献を否定する内容だ。福島原発事故による健康被害の発生を否定したい政府にとって好都合で、公表することで安全・安心をアピールしたかったはずだ。

逆に、現地文献を一方的に否定する内容だけに、批判を恐れて公表しなかったとも考えられるが、国会図書館に納本したり、野党議員の請求に応じて提供しているのを見ると、そこまでの強い隠蔽の意図は感じられない。

つまりは取り扱いが中途半端な印象なのだ。そこがどうにも引っかかり、腰を据えた取材に入れないでいた。そのうちに別の取材が進み、筆者の中で調査報告書の優先順位は下がり続けた。

筆者は15年末に原発避難者の住宅問題をまとめた『原発棄民　フクシマ5年後の真実』（毎日新聞出版）の原稿を書き上げた。これまでの仕事に一つの区切りが付き、死蔵していた報告書の取材にとりかかろうと考え始めた。以前と状況が変わったわけではない。政府が公表しなかった理由が思い浮かんだわけでも、記事にできる突破口が見えてきたわけでもなかった。

ただ尾松さんとやり取りを続ける中で、新聞記事にできるかどうかはさておき、チェルノブイリ原発事故の知見を日本政府が福島原発事故後の政策にどう生かしてきたのか、もしくは生かしてこなかったかを、記録に残さなければならないと考えるようになった。職をなげうっても福島とチェルノブイリの二つのカタストロフィー（大惨事）に向き合おうとする尾松さんの真摯な姿勢に感化されたのかもしれない。

さてこの調査は、文部科学省が12年度予算で実施したが、担当課がその後、原子力規制庁に移管された。規制庁に問い合わせたところ、報告書は14年1月ごろ環境省を通じて国会図書館に納本したという。どこで非公表の判断がされたのか見えてこない。

もう一つ、分からないのが調査の方向性だ。事故後の記者会見などを見た限り、調査を指示したとされる森裕子氏は、現地の研究者たちが集めた知見を尊重する姿勢に見える。しかし報告書の結論はまるで逆だ。原因として裏付けられる被曝線量の評価がされているかどうかをもって健康被害をほとんど否定している。

現地の研究者からすれば「不可能を要求している」ということになろうが、いわばIAEAやUNSCEARといった国際機関と同じ立場からの評価であり、その結論もおのずと明らかになる。なぜ指示とは異なる立場で調査が行われ、政府にとって都合のよい結論のはずにもかかわらず公表されなかったのか。

16年4月6日、知人からメールアドレスを教えてもらい、ヤブロコフ報告書を和訳した星川淳さんと三木直子さんにも問い合わせた。和訳の出版と調査報告書の完成はほぼ同時期だが、同じ文献を対象としており、連絡を取っていても不思議ではないと考えたからだ。だが政府やコンサルから二人に連絡はなく、二人とも調査は初耳の様子だった。

ところで星川さんによると、和訳プロジェクトは福島第一原発事故直後に立ち上がり、11年4月26日にブログを開設、同年8月7日には岩波書店からの刊行を明らかにしていたという。

NHKでETV特集の制作に当たった馬場朝子さんにも問い合わせた。ちなみに馬場さんは16年3月、この取材を基に『原発事故――国家はどう責任を負ったか』（東洋書店新社）を尾松さんとの共著で刊行している。馬場さんの答えも星川さんや三木さんと同じ「初耳」

だった。

3人とも少し困惑しているように感じた。自分たちが日本に紹介した文献を否定するため、日本政府が調査していたというのだから当然だろう。

ウクライナへの現地調査には一人の文科省幹部が同行していた。

同年4月18日の午前中、文科省に電話すると、あっけなく本人につながった。単刀直入に「チェルノブイリの文献調査について教えてほしい」と切り出すと、彼は即座に「あれは規制庁に引き継いだから、そっちに聞いてほしい」と難色を示した。

官僚の取材でよくあるパターンだ。ある政策に関わった官僚に取材を申し込むと、「あれはもう後任者に引き継いだ」と拒まれ、後任者に取材しても、「当時のことは分からない。引き継ぎではこうとしか聞いていない」などとかわされる。結局のところ、責任を果たす気など毛頭ないのだ。

「同行したのはあなただけだ。ちゃんと話してほしい」と食い下がると、今度は「規制庁に確認してから取材を受けるかどうか考えたい」と言い出した。これまでの経験上、ここで引き下がれば取材を断られるのは目に見えている。40分間にわたって押し問答を繰り返した後、最後は「午後1時にそちらに行くので待っていてほしい」と言い残して電話を切り、半ば強引にアポイントメントを取り付けた。

――この調査のきっかけは。

「文科副大臣だった森裕子さんの提案だ。当時はＮＨＫがチェルノブイリの特集番組を作ったりして、子どもの甲状腺がんの増加だけではなく、子どもの白血球が減少しているとか、福島の人がそういうのを見ると心配になる。政府として正しいのかどうか調べたほうがいいとなった」

――なぜ「ウクライナ政府25周年政府報告書」と「ヤブロコフ報告書」を調査対象に選んだのか。

「ヤブロコフは様々な報告を網羅している。それからウクライナ政府の方は、危ないということで日本でポコポコと出た（報道された）から」

――調査委員はあなたが選んだのか。

「コンサルが選んだと思う。賛成の人ばかりでなくて、（被曝を）懸念するような人も入れてほしいとは話した」

――健康被害との因果関係を裏付ける線量評価ができているのかが調査の視点か。

「そうだ。ちゃんとした根拠があるのか、他の要因が混ざっていないのか、現地で専門家にも聞いたりした」

――その視点を持ち込んだ時点で結論は明らかだったのでは。

「でも、どこまでの文献を見られたか、現地に行ってみて初めていいかげんかどうかが分かるかなと思った」

――国際機関の見解に沿う前提なら、あえて調査する必要性はなかったのでは。

「いくら国際機関が言っていても、NHKが報道すれば、「そりゃ危ない」となりかねない。「既に把握している。それはこういう調査だ」と説明できるよう対策をしておかなければならない」

――森裕子さんと文科省の職員の問題意識は一致していたのか。

「えーと、そこは、よく分からない」

――なぜ公表しなかったのか。

「「公表」と言ってもいろいろやり方があるが、少なくとも「公開」はしようと思っていた。しかし報告書が完成した直後に規制庁に所管が移った。文科省と規制庁の話し合いで、取り扱いは規制庁で決めることになった。「公表」というか、国会図書館に納めて「公開」したことになっていると思う」


その後、この件を知る別の政府関係者にも接触した。

「最大の問題は報告書をどうするかだった」

公表すべきか「扱い」に悩んだことを暗に認めた。隠す意図があったのか率直に尋ねると、正直な答えが返ってきた。

「情報公開請求されれば公開はするが、広く公表するために作ったものではなかった。理論武装が目的で中身は大したものではない。国の報告書の8割方はそういうものだ」

根本的な疑問が浮かんだ。なぜ、そんな調査をする必要があったのだろうか。ふたたび正直な答えが返ってきた。

「反論なんか専門家に聞いていくらでもできるし、報道を潰そうとか思ったわけじゃない。マルセイ（政務＝大臣、副大臣、政務官を指す）が予算を取ってくれたのに使わないわけにはいかない。それが重かった。だから積極的に公表するつもりもなかったんだ」

調査を指示した森裕子氏は報告書を読んだのだろうか。また自分が望んだ通りの調査だったのだろうか。話を聞きたかった。

森氏は11年9月から5カ月間、野田佳彦政権で副文科相を務めた後、小沢一郎衆院議員らとともに民主党を離党。13年7月の参院選で落選して議席を失った。16年4月当時、森氏は野党の統一候補として参院選（同年7月）に立候補することが報道されていた。

新潟県内にある森氏の事務所に電話をかけ、詳しい趣旨も伝えたうえで取材を申し込んだ。しかし何日経ってもいっこうに返答がない。それから何度か電話をかけたが、何の反応もなかった。取材を嫌がる空気を感じ取ったが、それで済ませるわけにもいかない。

森氏に近いとされる国会議員秘書や元衆院議員ら、複数のルートで仲介を依頼すると、「なんとか野党統一候補になることができたので、今はエネルギー問題についてコメントしたくない」との意向が伝わってきた。その後ようやく秘書に電話がつながり、改めて取材を申し込んだが、「選挙準備で多忙だ」として、予想通り断られた。

「新潟の事務所に参りたい」「短い時間でも構わない」などと食い下がってはみたが、答えは変わらなかった。それにしても選挙を控えた政治家が取材に応じないのは珍しい。よほど取材を受けるメリットがないと判断したのだろう。

被害否定の根拠は被曝線量

2016年4月22日夜、この調査の委員長だった長瀧重信・長崎大名誉教授の自宅に電話をかけた。数日前に取材を申し込んだところ、出張から帰宅するこの時間に電話するよう指示されたのだ。

長瀧氏は原爆被害者の健康影響を調べる放射線影響研究所の理事長も務め、被曝問題で国が設置した数多くの有識者会議で専門家委員を歴任してきた、この分野の「権威」だ。筆者は以前、そうした有識者会議の終了後にあるぶらさがり取材で長瀧氏に話を聞いたことがあるが、一対一での話は初めてで、おそらく筆者のことを知らないだろうと見ていた。警戒感なく話してもらうためにはその方が好都合だった。

しかし目論見は見事に外れた。開口一番「あなたが日野さんね。学生時代から毎日新聞を取っていて、署名記事をいろいろ拝見している。少々危なっかしいが、よく取材しているね」と言われ、いきなり出鼻をくじかれた。

これは「大物」とされる政治家や経済人にはよくある対応であり、筆者も幾度となく経験している。すぐに気を取り直し、問題の調査について質問を重ねた。以下はそのやり取りだ。

――報告書を国会図書館に納めて、公表しないことはあなたが決めたのか。

「違う。調べたときは文科省だったが、13年3月末に報告書を届けたら、その部署が規制庁に移ってしまった。後で人づてに「国会図書館に納めて公表したことになっている」と聞いた。腑に落ちない感じだったが、私らが「公開しろ」と言うのも筋違いかと思って言わなかった」

――この2文献を主な調査対象に選んだ理由は。

「国際機関の見解と違うことが書かれていて、日本語に訳されているとかで、日本でもよく知られているからだ」

――そもそも、放射線量は正確に測れていないと思うが。

「福島もそうだが、測れなかったからと言って人間ばかり調べていると、何でも被曝のせいになってしまう」

――被曝以外の要因があると。

「そうそう。自然放射線だってあるし、いろいろある。でも人間を調べて病気が出ると（事故の）被曝のせいになる」

――両文献は科学的ではないという評価か。

「被曝の影響かどうかは線量評価によるものだ。その線量評価が科学的と言えるところまでに行っていない」

――健康被害との因果関係が証明できていないと。

「そうだね。はっきりと認められるものではなかった」

――福島事故後の不安払拭が調査目的だったのか。

「一般論としてはあるよね。まあ不安払拭という話はどこかで出たかもしれないな」

あらためて読み返すと、ここまで明け透けに答えてくれたことに驚く。それにしても「科学的」とは一体何なのだろう。健康被害との因果関係を科学的に認める条件が線量評価であるのは一定理解できる。

しかしチェルノブイリでも福島でも事故発生直後は混乱しており、正確な実測値はほとんど残されていない。空間線量ではなく、一人一人の被曝線量となればなおさらだ。後から出そうとしても、不確実な仮定やシナリオに頼らざるを得ない。

そもそもチェルノブイリで国際機関が小児甲状腺がんを被曝による健康被害と認めたのも、

線量評価で科学的に立証したというより、被曝以外に原因の説明がつかないほど有意に増加したからだ。これでは政府の意向次第で「科学的ではない」と言って、すべてを否定できてしまう。

なぜ、この教訓が出発点にならないのか、リスクと正面から向き合うことの何が不都合なのだろうか、考え込むばかりだ。福島の事故から既に5年が過ぎた。だが大事なことは何一つとして解決していないのかもしれない。

この報告書を記事にするうえで、二人の有識者にコメントを求めた。

一人は京都大学原子炉実験所（大阪府熊取町）の今中哲二研究員だった。原子力の研究者でありながら、批判的姿勢を貫いている「熊取6人組」の一人で、チェルノブイリ研究の第一人者として知られている。報告書を送ったうえで、見解を尋ねた。

驚いたことに、今中氏はこの調査の存在を知っていた。調査委員への就任を打診されていたというのだ。放射線量で説明できる健康被害の範囲は限られており、謙虚に向き合うべきとの今中氏の姿勢は一貫している。今回もその通りの答えが返ってきた。

「放射線量との因果関係が証明できないとして、科学的ではないと否定する報告書の結論は、政府に近い研究者が因果関係を否定するためにも使ってきたロジックで真新しいものではない。放射線量は因果関係を決める要件の一つであって、すべてではない」

もう一人は行政の情報公開に詳しいＮＰＯ法人「情報公開クリアリングハウス」の三木由

希子理事長だった。今回のケースで、原子力規制庁は報告書を「公表」せず、国会図書館に納めることで「公開」したことにした。どう評価すべきか尋ねた。三木さんのコメントもまた明快だった。

「官僚からすれば、公表して議論を呼び起こせば手間がかかる。国会図書館に納本することで公開情報として、誰もが利用できる状態にあるとしたかったのだろうが、それでは行政として責任を果たしたことにならない。原子力のように国民の意見が大きく分かれる分野はなおさら責任から逃げてはいけない」

記事は毎日新聞6月4日朝刊の1面トップで掲載された。見出しは「国が健康調査公表せず『被害深刻』の文献否定」だった。

掲載の3日後、規制庁は公表のあり方として不適切だったことを認め、報告書をホームページ上で公表すると発表した。

この話には続きがある。16年10月26日午後、原発避難者の住宅問題に関する院内集会に顔を出したところ、7月の参院選で返り咲いていた森裕子参院議員の姿を見かけた。集会の途中、会場から出ようとした森氏に声をかけた。

半年ほど前にチェルノブイリ事故の調査の件で取材申し込みをしたが、事務所を通じて断られたことを伝えると、どうやら聞いていたようだ。すぐ「あのときはごめんなさい。選挙前で「原発」について発言するにはいろいろ難しい時期だった。今度は話すので事務所にアポを取ってほしい」と答えた。

2日後、報告書を持って参議院会館を訪れた。森氏が副文科相だった当時、放射線や原子力分野は所掌外だった。しかし何とか関わりたいと考え、木村真三氏とともにウクライナを訪問した。そして現地の研究者たちが小児甲状腺がん以外にも様々な健康被害を指摘していることを知り、帰国後すぐに調査を指示したのだという。

調査の委員長が長瀧氏で、木村氏も委員に加わっていたのを伝えると、森氏は「えっ、そうなの」と、驚きの表情を浮かべた。報告書は見ていない様子だった。

6月4日朝刊の記事と報告書を示すと、しばらく目を落とした後、「まったく知らなかった。考えていたこととまるで逆。びっくりだよね」とつぶやいた。

「文献も含めてもっと調査してフィードバックしていれば、福島の子どもたちを救う、被害を抑えることにつながるはず。でも原発事故を大したことにしたくない人たちがいるんだよね」

第5章
チェルノブイリから日本はどう見えるのか

尾松　亮

気がつくと窓の外は、一面白樺と針葉樹の森だ。時々、森の切れ目に、塗料のはげた木造の集落が遠く見える。そのむこうには、外壁のレンガが崩れかけた工場。何年も前に閉鎖して、そのままのようだ。数十分の間、同じような光景がずうっと続く。

ロシアの西のはずれ、ブリャンスク州の平野を夜行列車は走る。走りながら朝を迎える。

「これは確かにやっかいだろうな……」

森の木々は、根から放射性物質を取り込み、取り込まれた放射性物質はやがて落ち葉になってまた土に溶け込んでゆく。それをまた木の根が取り込んで。30年間そのサイクルが繰り返されてきた。森林火災があれば、放射性物質を含む枝や落ち葉は灰になって、周辺地域にまき散らされる。

1986年4月、この森林地帯は放射性物質に汚染された。チェルノブイリ原発から北東へ約200キロメートル。事故後の風向きと、集中的な雨のせいで、森や居住地が汚染された。

「みんな元気にしているだろうか」

6時55分。もう少し行けば町に着く。

町の誰かが甲状腺がんになるたびに

2016年4月17日、筆者はロシア西端の町、ノボズィプコフ市に到着した。ノボズィプコフは、ロシアのチェルノブイリ被災地の中でも汚染度が高い。ノボズィプコフはロシアにおけるチェルノブイリ問題の「中心地」と呼ばれることもある。91年に成立したチェルノブイリ法では汚染レベルで「第二ゾーン」と認定された。

この地域の医師たちは、甲状腺がんに限らず様々な病気が増えたと語る。86年4月26日に起きたチェルノブイリ原発事故から今年で、30年にあたる。30年間、地域の汚染、放射線リスクと向き合ってきた町だ。

5年前の11年9月、筆者は一度この町を訪れている。福島第一原発事故から約半年しか経っていないころだ。当時は、日本でこれからどんなことが起こるのか、想像もできなかった。事故から25年後のこの町で、人々がどうやって生きているのか、訪ね歩きがむしゃらに聞いて回った。
事故から25年経った当時でも、市民団体や教師たちが放射線防護の取り組みを続け、毎年の健康診断が行われていることに、驚いた。原発事故の影響が長く続くことを痛感させられた。

16年3月、日本でも事故から5年が経過した。今回改めて、この町の人たちに聞いてみたいことがあった。そして、話してみたいことがあった。

日本では、被曝量が年間20ミリシーベルトを下回る地域には、条件が整えば子どもも含め、住民が生活してよいことになっている。福島県で甲状腺がんが見つかっているが、原発事故の影響は「考えにくい」というのが検討委員会の評価だ。

そして、健康調査結果を評価する権限を持つ医師たちは「チェルノブイリではこうだった」と、「チェルノブイリ」を引き合いに出す。「チェルノブイリでは甲状腺がんは5年後に増えました」「チェルノブイリでは子どもの甲状腺がんだけが問題です」というように。

チェルノブイリ被災地域の人々はどう思うだろうか。そもそも「チェルノブイリではこうだった」と断言できるほど、結論は出ているのだろうか。この町の人たちの目に、今の日本はどう映るのだろうか。30年の経験に照らし合わせて、彼らは何というだろうか。

「この学校にも、甲状腺がんになった子がいます」

女子生徒の一人が言う。ノボズィプコフ市の学校で、9年生（中学3年生相当）の授業を見学したときだ。9年生の生徒たちの場合、年齢はおよそ15歳。チェルノブイリ事故当時は生まれていなかった。文字通りチェルノブイリを知らない子どもたちだ。

——事故は30年も前に起きたことだし、チェルノブイリはここから遠いでしょ。自分には関係ないと思うことはない？

意見交換の際に、筆者から少々意地悪な質問をした。事故から30年もたっている。原発から200キロメートル離れた町だ。福島第一原発からだと、およそ千葉県松戸市までの距離に当たる。

チェルノブイリ事故の影響についての意識なんて、とっくに風化していてあたり前なのではないか。どうやったら、次の世代に、長く続く汚染のリスクを伝えていけるのか。教師はどうやってこの問題を生徒たちに伝えているのか。生徒たちは本当に、リスクの実感を持っているのか、知りたかった。

「そうは思わない。200キロメートルはそんなに遠くない」

「関係ないとは思いません」

生徒たちからは口々に反論を受けた。

中学3年生相当の生徒たちと著者(中央)。ノボズィプコフ市の学校にて

この学校では、授業で放射線防護の実習を行っているという。学校や住宅の周りの放射線を測って放射線マップを作る。森のキノコやキイチゴなど、どんな食べ物に放射性物質がたまりやすいのか、イラスト入りの教材で学ぶ。

子どもたち自身が、チェルノブイリはまだ「今の問題」「自分たちの問題」なのだと言っている。少し腑に落ちなかった。先生の前だから、優等生たちがそう言っているだけなのではないか。そんな風にさえ思った。

何でそんな風に、意識を持ち続けられるのか。30年も前、生まれる前の事故の影響を、自分の問題として受け止められるのか。

「病気になる人が多いし、この学校にも甲状腺がんになった子がいます」

それが生徒からの答えの一つだった。

学校の外でも、住民たちから同じことをたびたび聞かされた。

「「シチェトビトキ」の問題は今も深刻だから」

「いとこの一人が「シチェトビトキ」の検査に引っかかって、障碍者認定を受けたんだ」

「シチェトビトキ」というのは甲状腺（シチェトビドナヤジ・ジェレザ）の愛称形である。訳しようがないが、ニュアンスを伝えるために説明するなら、「犬」を「ワンころ」と呼ぶような形だ。「甲状腺っころ」「甲状腺ちゃん」とでもいうのか。いとおしみとか、親しみを込めた呼び方だ。

甲状腺がんという「いとおし」くはない現象が、それほど地域では「おなじみ」になっている。それが、この「シチェトビトキ」という呼び方からも感じ取れた。

先生たちは「今でもチェルノブイリの問題は続いている」という。子どもたちも、チェルノブイリは「自分たちの問題」、という。どんなときに、チェルノブイリは「現在の問題」と感じられるのか。

町の誰かが甲状腺がんになる。例えばそんなとき、チェルノブイリ原発事故の威力をあらためて見せつけられる。そういうことのようだ。

セシウムの影響もある？

今の中学3年生が「友達に甲状腺がんになった子どもがいる」という。そして、教師や医師たちも、今なお子どもたち（主にティーンエイジャー）に甲状腺がんが多いと言う。「そうか、まだ被害は続いているんだ」。一瞬、さらりと聞き流してしまいそうになる。しかし、よく考えてみると変だ。

今の子どもたちに、甲状腺がんが増えるはずはない。これまで、国際機関やロシア政府は「事故当時ヨウ素被曝をした子どもたちに、甲状腺がんが増えた」と説明してきたのだ。

放射性ヨウ素は、8日間でその放射線を出す力（放射能）が半分に減る。事故直後放出された放射性ヨウ素は、3カ月も経てばほぼ跡形もなく消えてしまう。しかしこの事故直後の時期に、未成年が甲状腺にこのヨウ素を取り込むことで、甲状腺がんが多発したと考えられている。

放射線の影響で甲状腺がんになるのは、「ヨウ素被曝した子どもだけ」というのが政府の公式見解であった。事故から10年以上経って生まれてきた今の子どもたちに甲状腺がんが増えるはずはない。単なる偶然か、何か別の原因が隠れているのか。

でも長年この町で診療を続けてきた医師たちは、最近数年間をみてもティーンエイジャーに甲状腺がんが多いという。事故から10年以上たって生まれてきた子どもたちに、なぜ甲状腺がんが増えるのか。「事故直後にヨウ素被曝をした未成年だけ」という前提が崩れてしまう。「チェルノブイリ被災地で増えた甲状腺がんは、9割がた事故直後のヨウ素被曝による影響といっていい。でも最近、どうやらそれだけではない、ということが見えてきた。ヨウ素被曝しているはずはないのに、今の子どもたちが甲状腺がんになっている。セシウム137などの長く残る放射性物質の影響があるかもしれない」

市民団体「ラジミチ・チェルノブイリの子どもたちへ」（ラジミチ）の創設者パーヴェル氏は言う。パーヴェル氏は、長年この町で、子どもたちの健康教育や、保養キャンプの取り組みを行ってきた。子どもたちの健康の問題を、身近に見守ってきた教育者だ。

また、パーヴェル氏は30年の経験から、次のように話す。

「もう一つ気になるのは、「チェルノブイリ被災地」の外でも、事故当時子どもだった人々に甲状腺がんが増えていることだ。今では汚染が残っていない地域でも、事故当時、ヨウ素が降り注いでいた可能性がある」

「被災地の範囲」を定めたチェルノブイリ法では、91年以降の土壌汚染の度合いを参考に「被災地」認定を行っている。参考にされるのは主に、セシウムやストロンチウムなどの、長く土に残る放射性物質だ。これらの放射性物質が少なければ、法律で「被災地」と認められない。

甲状腺がんの原因とされるヨウ素はすぐに消えてしまうので、後になってヨウ素汚染地域を割り出すのは難しい。事故直後ヨウ素が降り注いだ地域でも、汚染がすぐに消えてしまい、「被災地」認定を受けられなかった町もあるだろう。

その「認められなかった」地域で、今になって甲状腺がんが増えている可能性がある。

「甲状腺診断室で聞いてみるといいよ」

パーヴェル氏は、そう助言してくれた。市民団体「ラジミチ」では、甲状腺診断室を運営している。病院の定期検診は年に一度なので、より頻繁に検診を受けたい人たちがいる。勤務時間の都合で病院の検診を受けそこなった人たちもいる。そんな人たちのために、この甲状腺診断室は、一年中、診断希望者を受け入れている。

この診断室で、検診を行っているのがノボズィプコフ市中央病院の内分泌科医ストリナヤ先生だ。

現場の医師にがんの実態を聞く

ストリナヤ医師は、忙しい検診の合間を縫って筆者との話に応じてくれた。

彼女は、１９９６年からノボズィプコフ中央病院に勤務して、甲状腺の診断や治療にあたってきた。２００４年以降は、市民団体「ラジミチ」の甲状腺診断室での検診をボランティアで引き受けている。

ストリナヤ医師

彼女のようなプロの医師が診断しているため、この診察室の検診結果は、中央病院でも考慮される。いわば中央病院の出張診療室みたいなものだ。

ストリナヤ医師は、年一回の被災者健診にも長年、担当医として参加してきた。この地域の人々の甲状腺の状態を、20年近く診てきた専門家だ。

――日本では「チェルノブイリで甲状腺がんは事故時5歳以下の子どもたち」が甲状腺がんを実際に発症したのは、ティーンエイジャーになって以降のことですよね。

「もちろん、ほとんどは大人になってからの発症です」

――「事故当時5歳以下の子どもに増えた」というと、小児甲状腺がんの多発が主だったように聞こえてしまいます。それは違うのですよね。

「子ども期に甲状腺がんを発症するケースも増えましたが、それは全体から見れば少数です。ほとんどの場合、大人になってから発症しました」

聞いてみたかった。

日本では、「福島県で見つかった甲状腺がんに原発事故の影響は考えにくい」という説明がなされてきた。その論拠として、「チェルノブイリ」が引き合いに出される。「チェルノブイリでは甲状腺がんが増えたのは事故5年後」「事故時5歳以下の子どもたちに多発した」「原因は100ミリグレイを超えるヨウ素被曝」など。

チェルノブイリ被災地の医師は、なんと言うだろうか。

「確かに事故後5年後ごろに増えたけれど、一番急激に増えたのは事故から10年ごろです。だから、日本で「チェルノブイリで5年後に増えた」とだけ言っているなら不正確ですね。一番深刻な状況を見せつけられたのは、だいたい10年後でした。それに、そのあとも甲状腺がんは緩やかに増え続けました」

ストリナヤ医師は、事故5年後の増加について「増加」（Uvel'chenie）、10年後の増加について「発火」（Vspyshka）という表現を使った。

――「ロシア政府報告書」では、事故の翌年87年から甲状腺がんが増えていますが。これはどうしてですか。

「86年の8月ごろから、ブリャンスク州内で本格的な検診を始めましたから。その影響で、事故と無関係の甲状腺がんの検出件数が増えたこともあるでしょう。でも、被曝した翌年に甲状腺がんを発症するという可能性も否定できません。被曝の影響と潜伏期間には個人差がありますから」

やはり、日本で流布している「チェルノブイリの甲状腺がん」についての説明と、チェルノブイリ被災地の医師の証言は少しずつ食い違う。

――事故から何年もたって生まれてきた住民にも、甲状腺がんが増えていると聞きました。最近のティーンエイジャーでもそうだって。この人たちは、ヨウ素被曝していないはずですよね。

「原因は分かっていません。でも私たち、現場の医師は、ヨウ素以外の放射性物質が甲状腺に影響を与えている可能性を考えています。がんだけでなく、甲状腺炎等も増えています。セシウムやストロンチウムが、甲状腺という器官に影響を与えるものと考えざるをえません」

ロシア政府は長期汚染の影響を認めた？

２０１６年5月5日付日経新聞「チェルノブイリ三〇年の現場（下）」は、ベラルーシ・ミンスクの小児がんセンター副院長コノプリャ氏の「事故三〇年を経ても危険は去っていない」とのコメントを紹介している。

ベラルーシでは、２０１５年時点でも17歳以下の甲状腺がんが多く、「半減期が三〇年の放射性セシウムなどによる低線量被曝がどう影響するかもわかっていない」という。ストリナヤ医師が指摘するのと同じ状況が、ベラルーシにもあるようだ。

これは訪問の後になって分かったことだが、ストリナヤ医師が述べた「セシウムの甲状腺への影響」の可能性を、２０１６年になってロシア政府は公式報告書でも一部認めている。

この報告書の正式名称は「チェルノブイリ事故30年――ロシアにおける被害克服の総括と展望　１９８６年〜２０１６年」。86年のチェルノブイリ原発事故から30年の２０１６年に刊行された。この報告書では、30年の健康調査に基づき、チェルノブイリ事故の健康被害に関する新しい見解が示されている。

例えば、甲状腺がんの発症傾向について、次の記述が目に留まる。

> 事故時児童または未成年で、セシウムで5キュリー／平方キロメートル（訳注：18万5000ベクレル／平方メートル）以上の最も汚染度の高い地域に一定期間居住していた住民のあいだで、甲状腺がんの検出レベルが高い（自然発生レベルに上乗せして70％まで）という傾向は、これまでの30年間に見られ、これから何年もの間続く可能性がある」
>
> （同報告書１０８頁、傍点―筆者）

さらりと読み飛ばしてしまいそうだが、この一文には重要な情報が隠されている。

これまでは、事故当時未成年者がヨウ素被曝することで甲状腺がんが引き起こされる、との説明であった。この説明通りであれば、事故時のヨウ素被曝だけが問題であるはず。その後どれだけ、セシウムやストロンチウムなどの放射性物質による汚染地域に住んでも、甲状腺に対する影響はないはずだ。

しかし、先の引用の傍点部は「セシウムによる汚染度の高い地域に一定期間居住していた」住民の間で甲状腺がんが多い、と指摘している。

セシウムなど半減期の長い放射性物質も甲状腺がんを引き起こす。または甲状腺がんの発症を促進する複合要因の一つになりうるということか。そうだとすれば、汚染地域で「甲状腺がん」のリスクはこれからも長く続く。

事故から10年以上経って生まれてきた子どもたちも、汚染地域に住んでいる限り、甲状腺がんについてノーリスクとは言えないのではないか。

ところが、この「ロシア政府報告書」２０１６年版では、あくまで「事故時未成年であった人々」のうち、「セシウムの汚染度が高い地域に一定期間住んでいる」層に、甲状腺がんが特に多い、と指摘するだけだ。その人々は事故直後、ヨウ素被曝している可能性が高い。「セシウムの汚染だけで甲状腺がんが生じる」と認めているわけではない。

またこの報告書は「チェルノブイリ原発事故後、汚染地域の住民の甲状腺がんの登録、診断、治療に特別な注意が払われてきた。これによりいわゆるスクリーニング効果につながった」（同１０５頁）との見解を示している。一定のスクリーニング効果もあるというのだ。

ストリナヤ医師たちは、長年の現場の経験論に基づいて話をしている。政府の報告書は、現場医師たちの見解を直接は反映していない。現場の知見が、今後少しずつ、政府の公式見解を動かしてゆくのか。それとも永久に両者は一致を見ないままなのか。

だが事故30年に際して刊行された「ロシア政府報告書」２０１６年版では、これまで認めてこなかったセシウムの甲状腺への影響の可能性を、間接的に認めた。現場の経験は、無視できなくなりつつあるようだ。

リスクを前提にした防護教育

「キノコは気をつけなきゃいけないから、こっち」

「にんじんはどうする。「汚染されてるかもしれない」でしょ？」

子どもたちが「食べ物」の絵をより分けて、ボードにはる。

ボードの右側には「気をつける食べ物（放射能汚染されているかもしれない）」、左側には「気をつけなくてもよい食べ物（汚染されてないと考えていい）」、と二つのグループに分ける。

「キイチゴは「気をつける」ほうでしょ」

子どもたちは、キャッキャと笑いながら、この分類クイズに取り組む。これは前出の市民団体「ラジミチ」が行っている、低学年向けの「放射線防護」の授業の一場面。筆者も見学させてもらった。

「ラジミチ」という名前は、昔この地域に住んでいた民族から取られた。「ラジ」という音が、ロシア語の「ラジアツィア（放射能）」に重なり、この市民団体の「放射能から子どもたちを守る」活動の象徴となっている。この授業は「ラジミチ」が考案し、地域の学校でも取り入れられている。この日も、地域の学校から子どもたちが集まった。

「どうしてこのビンのミルクは「気をつける」で、こっちのパックのミルクは「気をつけないでいい」なの？」

進行役の先生が、答え合わせをする。

「だって、ビンはふたが開いてるから、放射能が入っちゃうでしょ。パックはふたが閉まってるから大丈夫」と一人の生徒が答える。

これは不正解。もちろん、「パックのミルク」も中身は汚染されている可能性がある。ちゃんと測定されているか「気をつけ」なければならない。

「えー、なんでえ？」

子どもたちは、なんというか楽しそうだ。

こうやって子どもたちは、遊びながら、汚染地域の生活で気をつけなければいけない食べ物を知る。そして内部被曝から身を守る方法を身に付ける。

汚染地域に住むことには一定の健康リスクがある。そのことは地域の医師や、先生たちにとって自明の前提となっている。それでは、汚染地域に住み続けていてよいのか？　皆が避難しなければならないのではないか？

「ノボズィプコフ」では全員避難は行わなかった。町には「ゾーン（被災地）」としての認定がある。希望する住民は手続きをして、国の支援を受けて移住することができる。

２０１６年１月時点で、町の人口は４万６３２人。事故直後の時期約４万５０００人であった人口は減っているが、それでも大半の人々はこの町に残った。

「放射線防護」の授業風景

両親や親せきを置いていけない。移住先でなじめないのではないかという不安。様々な要因が、人々に町に残る選択肢を選ばせた。そして、事故を体験していない次の世代が育ちつつある。
どうして30年もたって、チェルノブイリ原発事故の影響を子どもたちに教え続けられるのか。日本では事故から5年で、もうすでに「風化」と言われている。どうやったら、30年間意識を風化させずにいられるのか。
――何でこんなことができるの？　30年もたったのに。
この授業を担当している市民団体職員カーチャさん

に聞いてみた。

「だって私たち、ここに住んでるんだから」

学校でも先生たちから、同じ答えが返ってきた。

「だって、ここに住んでるんだから」

彼らには、筆者の質問の意味が分からないのだ。30年たったからどうだというのだ。

チェルノブイリのあと生まれてきた子どもたちだから、どうだというのか。「ここに住みながら、何の防護策も教えないなんて考えられないでしょう」ということらしい。

――こういう授業をやることで、「子どもたちを怖がらせる」とか、地域の否定的なイメージを植え付けるとか、批判されることはないのですか。

町の教員養成校で、学長のマカルキン氏に聞いてみた。

「そういう批判は聞いたことがない。みんな地域にリスクがあることは分かっている。「怖がらせている」のではない。「怖がらなくていい」状況をつくるために、簡単な誰にでもできる防護策を教えているんだ。ちゃんと気をつければ「ここでも」生きていける」

マカルキン学長は言う。

「この地域」に住む以上、何かの対策を取らなければならない。子どもたちに防護策を教えなければならない、という意識は当たり前なのだ。だから、放射線リスクを語る授業が批判されることもない。

「ここに」ということき、「ここ」が「チェルノブイリ・ゾーン」であることは暗黙の前提だ。ノボズィプコフは先述のように、一九九一年、チェルノブイリ法で汚染レベル「第二ゾーン」と認められ、その後25年間、住民たちは「第二ゾーン」住民としての補償を受けてきた。毎年の健康診断、汚染されていない地域に保養へ出かけるための費用の補助、汚染されていない食品を取り寄せるための補助金などなど。すべて放射能のリスクを下げるためのメニューだ。放射線を気にすることは、法律で承認されている。

リスクがあることは町のみんなが知っている。そのリスクから身を守るための方法も、30年かけて開発してきた。防げるリスクなのだから、防ぐための取り組みをすればよい。「この町にはリスクがある」と語っても、町を裏切ることにはならない。

25年間の特別健康診断の成果

もう一つこの町で、ちゃんと聞いておきたいことがあった。被災地の現場ではどんなふうに健康診断を行ってきたのか。ノボズィプコフ市はチェルノブイリ法でリスクのある地域、と認められた。住民にはチェルノブイリ被災者を対象にした定期的な健診が行われている。

もちろん、甲状腺の検診が行われていることは分かっている。でもそれ以外で、どんな検査項目が重視されているのだろうか。ストリナヤ医師に聞いた。

「血液検査は、すべての被災者を対象に行っています。あと尿検査も。ホールボディカウンターによる内部被曝検査は全員が受けられるわけではありません。成人の女性にはマンモグラフィーの検査もします」とストリナヤ医師。

調べているのは甲状腺がんだけではないことがよく分かる。

「ノボズィプコフでは、これまで全住民が毎年健診を受けることができました。昨年ゾーンレベルが2から3に引き下げられたので、成人住民は2年に1回になってしまいます。それでも子どもたちには毎年健診を続けます」

地域ごと、年齢グループごとなど、どのように健康診断が行われているのか。ストリナヤ医師との会談では、こと細かく知ることができなかった。その後、ブリャンスク州保健局の資料を入手して調べてみた（次頁表1）。

保健局の資料からは、次のようなことが分かってきた。まず、チェルノブイリ法24条に基づき、保健省がチェルノブイリ被災者対象の特別健康診断実施規則を定める。この保健省令で、被災地のレベル（1～4ゾーン）、被災者のカテゴリーごとに、検査のメニューや検診の頻度が決められている。その規則に従って、各地の医療機関が健診を実施している。

具体例として、ロシアの主要被災州ブリャンスク州では2011年の時点で、03年ロシア保健省令に基づき、**表1**のようなメニュー頻度で健康診断を行っている。ストリナヤ医師によれば、現時点（16年4月）でも健康診断の内容はこれと同じであるという。

表1：被災地住民及び避難者に対する健康診断内容
（ブリャンスク州保健局規則 2011 年 2 月 18 日付より）

被災者カテゴリー	頻度	内容	
		分野	検診および検査内容
1 退去対象地域（第二ゾーン）居住者または勤務者	毎年	内科 外科 腫瘍科 内分泌科 他 症状に即した専門医	血液検査　尿検査 甲状腺超音波検診 WBC 検査＊他 症状に即した検査
2 移住権付居住地域（第三ゾーン）居住者または勤務者	隔年	内科 外科 腫瘍科 内分泌科 他 症状に即した専門医	血液検査　尿検査 甲状腺超音波検診 WBC 検査＊他 症状に即した検査
3 特恵的社会経済ステータス付き居住地域（第四ゾーン）居住者または勤務者	3 年に一度	内科 症状に即した専門医	血液検査　尿検査 甲状腺超音波検診他 症状に即した検査
4 ・1968 ～ 86 年生まれの市民でチェルノブイリ原発事故後 86 年 8 月までの期間に第二または第三ゾーンに滞在していた市民 ・第一ゾーンからの強制避難者、および第二、第三ゾーンからの移住者（避難時胎児であった者も含む）	毎年	外科 腫瘍科 内分泌科 他 症状に即した専門医	血液検査　尿検査 甲状腺超音波検診 WBC 検査＊他 症状に即した検査
5 第二、第三、第四ゾーンに居住する児童	毎年	小児科 症状に即した専門医	血液検査　尿検査 甲状腺超音波検診＊＊ 他症状に即した検査

＊　WBC 検査は 5Ci ／㎢以上の汚染地域で、6 歳以上の市民に対して行われる。
＊＊　甲状腺超音波検査は 6 歳以上の住民が対象。

右記の必須健診項目のほか、2年に一度、40歳以上の女性に対してマンモグラフィー検診を実施。またX線撮影を15歳、17歳で一度ずつ、18歳以降は2年に一度実施している。甲状腺検診だけでなく、血液検査、尿検査は必須項目である。この検診項目を見ても、やはり「甲状腺がん」だけを対象にしているわけではないことが分かる。

そして成人年齢以上の市民に対しても、汚染度に応じて毎年、または隔年などの頻度で25年間にわたり健康診断が続けられてきた。当然、直接事故を体験していない子どもたちも対象になっている。

高い受診率はなぜ保たれるのか

もう一つ、気になっていたことを確かめたい。

なぜ事故から30年経過しても、住民が健康診断を受け続けているのか。

健康診断制度があるのはよいことだろう。でも、制度があるだけで、住民が健診に来るとは思えない。住民が健康診断を受けなくなれば、病気の早期発見もできず、健康被害の傾向をつかむこともできない。

2011年にはこの地域で7~8割の対象住民が健診を受けていると聞いた。事故から30年たった今、受診率が下がる、住民が健康診断に来なくなる、ということはないのだろうか。

健康診断の受診率は、地域によって異なるものの一定して7割～8割の水準を保ってきたという。例えばブリャンスク州の2010年（事故から24年後）の健診実績では、対象者の80％、対象児童の94％が健診を受けている（「ロシア政府報告書」2011年版）。

ストリナヤ医師によれば、15年時点でも対象者の7割近くは健診を受けているという。どうして、事故から30年も経過した今、これだけ高い受診率を保っているのか。

「100％とはいきませんが、できるだけ多くの住民が健康診断を受けるように、病院からも学校や企業を訪問して健診を行います」とストリナヤ氏は言う。

地域の病院からは、被災者登録されている市民に通知が届く。被災地域では、医療機関から健診を呼びかけるとともに、主要な職場や教育機関には健診担当のスタッフが順に訪問する。周辺の村落には病院がないので、往診車を派遣する。

「往診車で持っていける機材は、病院の中にあるものよりも性能が悪いので。病気の兆候を見逃してしまわないかどうか、それが悩みの種です」

ストリナヤ医師や彼女の同僚も、住民に呼び掛けて、できるだけ多くの住民が健診を受けるように取り組んできた。

「今年健診に行っていないから、通知が来た」とパーヴェル氏は話していた。

「被災者健診を受けていない住民が、病院に来ると、通常の治療の前に「まず被災者健診を受けるように」と健診を受けさせるようにしています」とストリナヤ氏も言う。

なぜ、これほど一生懸命に被災者健診の受診率を高める取り組みをしているのか。また、病院や役所からの働きかけがあるくらいで受診率は高まるものなのか。

住民にとっても、定期健診を受けたほうがよい、インセンティブもあるという。

「汚染地域住民の甲状腺がんであれば、多くの場合は健康被害認定が得られます。甲状腺がん以外でも、心臓病や脳梗塞など、様々な病気で被害者認定を受ける可能性があります。だから、早期発見して認定を受け、治療するほうがよいのです。病院では、より多くの住民に健診を受けるように働きかけています」とストリナヤ氏。

検査で疾患が見つかった場合には、健康被害への補償を受ける可能性があるのだ。患者自身が被曝量や放射能起因性を証明しなくとも、居住期間や避難の事実関係などの確認により、被害認定を受けられる。

ちなみにウクライナのチェルノブイリ法（27条）では、甲状腺がんになった児童は、「線量に関係なく」被害者として補償する規定がある。

「健康被害」認定、「障がい者認定」を受ければ、補償金の上乗せがある。サナトリウムでの保養の際の優遇や高度医療センターでの治療など、より充実した支援内容も得られる。病気が見つかっても「放射能と関係ない」と切り捨てられるわけではない。被災者としては、症状を早期発見し、健康被害認定を受けたほうがメリットが大きい。それを知っているからこそ、医師たちは住民に健診を呼びかけ、住民も比較的積極的に毎年の健診を受けているのだ。

これもともとチェルノブイリ法24条が、「被曝量を問わず」、「(放射線の)ネガティブな要因が否定できない場合」は健康被害を認定する、という原則を定めていたからだ。

最初から「どうせ放射能と関係ないとされて、何もしてもらえない」と思えば、被災地住民も避難者も、毎年わざわざ健診を受けることはないだろう。その結果、受診率はもっと下がっただろう。健康診断受診率が比較的高く保たれているのは、病気になった場合の「救済の約束」が前提なのだ。

チェルノブイリに過剰診断はあるのか?

チェルノブイリ被災国(ロシア、ウクライナ、ベラルーシ)では、被災者とその子どもたちを対象にした健診を続けてきた。広い地域が健診の対象となっている。ノボズィプコフの位置するブリャンスク州だけではない。例えばロシアのトゥーラ州でも多くの地区が被災地認定を受け、健康診断が行われてきた。トゥーラ州は、チェルノブイリ原発からずっと遠く、場所によっては800キロメートル近く離れている。

このように健診を続けてきたからこそデータの蓄積がある。それがあってはじめて、30年間の健康被害の分析、評価もできるのだ。この制度はチェルノブイリ法の「全被災者対象の生涯つづく健診」という規定があって、はじめて可能になった。

本法13条に示された市民および1986年4月26日以降に生まれたそれらの市民の子どもは、「ロシア連邦市民に対する無料医療支援国家保障」プログラムの枠内における義務的医療保険の対象となり、一生涯にわたり義務的特別健康診断（予防医学的健康管理）を受けなければならない。

チェルノブイリ被災者保護法チェルノブイリ法24条からの引用である。

「13条に示された市民」とは、収束作業員、汚染地域住民、汚染地域からの避難者すべてであり、さらにそれらの市民の子どもまで含めて「一生涯」特別健康診断の対象となる。

「最近のティーンエイジャーにも甲状腺がんが多い」「この地域には血液循環器系疾患が増えた」という。こういった被災地の医師たちが語る疾病の傾向も、この健康診断のおかげで見えてきたことだ。

――「ロシア政府報告書」では、被災者健診の枠内で検査を実施していることでスクリーニング効果が生じているという指摘があります。甲状腺がんにしても、検査を行うことで放っておいてもいいような小さな兆候まで見つけて、過剰に治療している、ということはないのですか？

「この町で、甲状腺超音波検診のためのある程度性能のいい機器を使えるようになったのは、

2000年以降です。今でも、往診のときは持ち運び用の機器ですし、90年代はほとんど触診で調べていました。触診で分かるくらいのしこりしか、発見できないのです。過剰診断があったとは思えません」

スクリーニング効果の可能性を指摘するロシア政府の報告書でも、検査の重要性を否定してはいない。「診断のリスク」を理由に、健康診断をやめることや、検査の対象範囲を狭めることを主張してはいない。

アントンとその家族

「ここで、昔はよく水浴びしたんだ。休みの日にはバーベキューもやったよ」

市民団体「ラジミチ」の代表者、アントンは、少し寂しげに言う。

筆者がモスクワに戻る日、町を取り囲む「森」に連れて行ってくれた。

事故当時9歳だった彼にとって、思いっきり遊ぶことのできたこの野原や川が、ある日を境に「入ってはいけない場所」「気を付けなければならない場所」になった。夢のような子ども時代の思い出が、今もこの森の中にある。

今、子どもたちの健康教育に取り組む市民団体のリーダーとして、アントンはこの「大好き」な森に潜む、危険やリスクを子どもたちに伝える。

リスクを子どもたちに伝えるのは、ここで生きていくためだ。この町も、この森も大好きな場所だから。だからここで生きていくために必要なことを子どもたちに伝える。

「日本は、早すぎるよね」

アントンは言う。

15年11月に、福島県を訪問して、避難者の方々にも話を聞いたという。一度住民を避難させた地域に、避難指示解除が進められていると聞いて驚いた。20ミリシーベルトで生活してよいという基準も、避難先の住居や仮設住宅から出ていかなければいけないということも。

チェルノブイリ被災地でも、被災者に対する補償金の削減は進められてきた。15年には事故から30年を前にして、ロシア政府が汚染地域認定の見直しに踏み切り、このノボズィプコフも第二ゾーンから第三ゾーンに引き下げられた。

住民は反発して、政府を相手取った裁判を起こしている。

でも、この30年の取り組みの中で、彼らは子どもたちに汚染地域のリスクを語るすべを開発してきた。汚染地域認定が引き下げられたとしても、その取り組みはこれからもずっと続く。

それに、認定の引き下げが本格的に始まったのは、あくまで事故から30年たってのことだ。

福島第一原発事故から5年。5年を待たずに、原発に隣接した地域、まだ放射線量が事故前の基準より高い地域でも、避難指示が解除されていく。

「日本は、早すぎるよね」というアントンの言葉は、耳に重く響いた。

チェルノブイリ被災地では、事故から30年が経過した。ようやく少しずつ分かってきたところなのだ。どんなリスクがあるのか。どうやって、子どもたちにリスクから身を守るすべを伝えるのか。そしてまだ分からないことのほうが多いのだ。それが、チェルノブイリ被災地住民の実感なのだ。

広大な森、どこまでも続く平原。ユーラシアの大地に立つと、ちっぽけな人間という存在を思い知らされる。森の向こうで、列車の走る音が聞こえる。

もう、駅に向かう時間だ。

終章 チェルノブイリ・データの歪曲は続く

尾松 亮

2016年9月14日、第24回福島県「県民健康調査」検討委員会が開催された。本書でもたびたび触れてきたとおり、これは福島県で実施されている甲状腺検査をはじめとする「県民健康調査」の結果や、検査のあり方を審議、評価する専門家委員会だ。

9月14日の検討委員会では、ベラルーシにおける甲状腺がんの発症傾向について資料が提出され、「チェルノブイリと福島の違い」について説明があった。「福島とチェルノブイリにおける甲状腺がんの発症パターンの相違について」と題した長崎大学の高村昇教授による報告である。

高村氏は、福島では15歳以上の年齢層の発症が多く、事故時5歳以下の発症が多いベラルーシのパターンと異なる、という点を強調した。

この報告の主な要点は以下のとおりである。

❶チェルノブイリ原発事故では、事故当時小児だった世代における甲状腺がんの増加が認められた。

❷ベラルーシでは事故当時0～15歳だった世代に甲状腺がんが目立って増加したのは1990～1994年（事故後5～8年）で、事故直後の数年は、この年齢層にほぼ増加は見られない。2003年までの推移でみると、事故時0～5歳の層に、特に発症例が多い。（図1参照）

図１：高村昇教授「福島とチェルノブイリにおける甲状腺がんの発症パターンの相違について」より

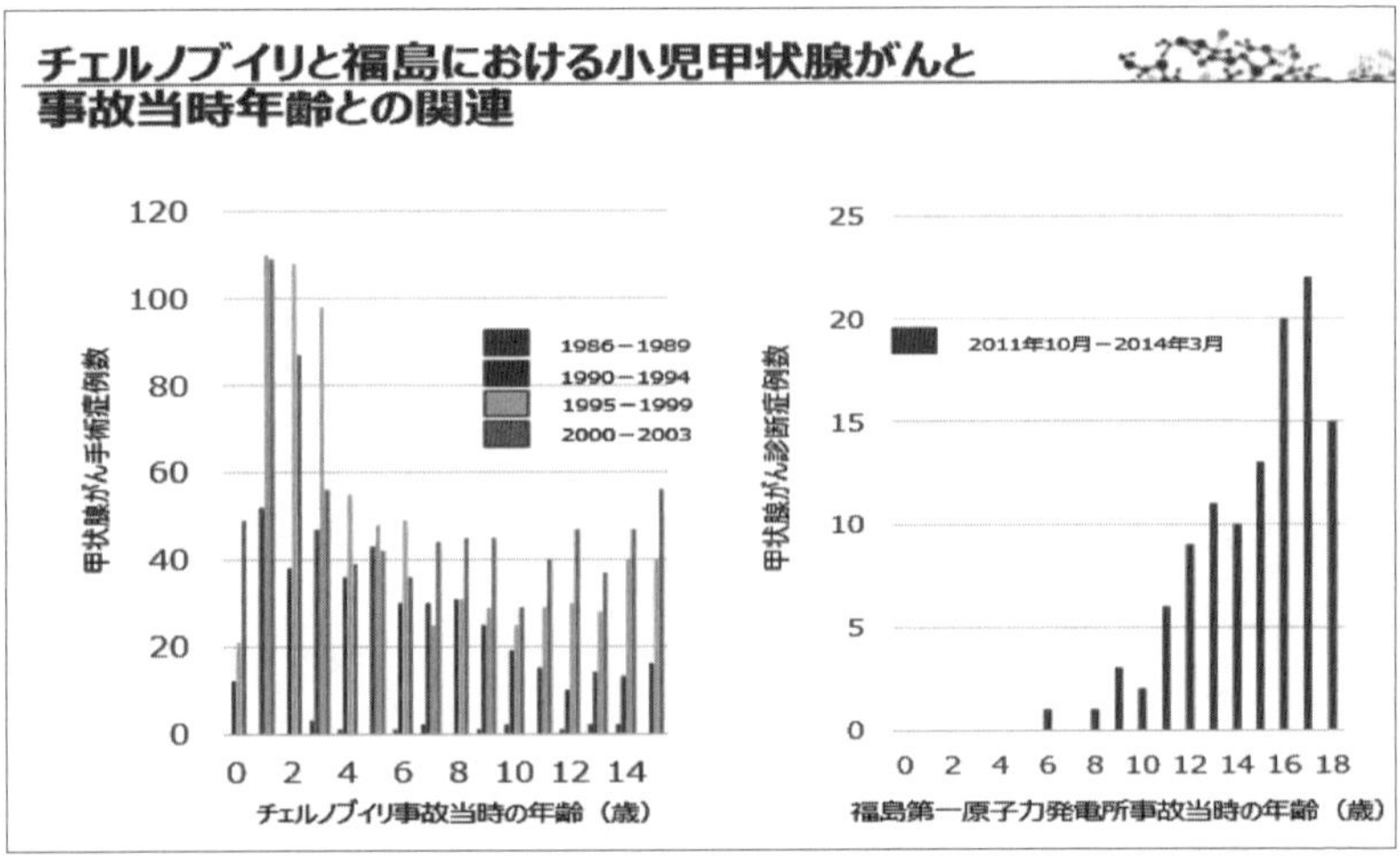

❸一方、福島県では事故から3～4年の間に、事故当時15歳以上の層に、甲状腺がん・がん疑いと診断された症例が多い。この傾向がベラルーシのパターンと異なる。

本当にそうなのだろうか。

実は、本年、事故30年の総括としてベラルーシ共和国非常事態省が発表した「政府報告書」（『チェルノブイリ原発事故三〇年――被害克服の総括と展望』２０１６年）のデータを見ると、現時点で上記のように「発症パターンの相違」を主張するのに無理があることが分かる。

まず❶「事故時小児だった世代に増加」はその通りだが、これは事故時小児の世代以外（15歳以上）には増えなかったことを意味しない。チェルノブイリでは、未成年時に被曝した被災者が大人になって甲状腺がんが増える傾向が深刻な問題となっており、成人に対しても定期的な健康診断を続けてきた。日本でも、「小児甲状腺がん」に限定する理由はないはずだ。

❷と❸について。ベラルーシ政府報告書のデータ（次頁図2）では、事故後3年間に15歳以上の年齢層に甲状腺がんが増え、15歳未満の層に増加はほぼ見られない。高村氏は、福島県で事故後3年間に15歳以上の年齢層に甲状腺がん発症が多いことをベラルーシの発症パターンとの「相違」とするが、ベラルーシ政府のデータを見る限り、そんな読み方はできない。

そもそも高村氏の資料（図1）では、ベラルーシにおける事故時15歳以上の甲状腺がんの発症傾向についての情報が示されていない。
　福島で事故直後数年で事故時15歳以上に甲状腺がんが多いことをベラルーシとの「相違」と主張するなら、ベラルーシでの「事故時15歳以上」の発症パターンを示さなければ比較はできないはずだ。なぜ公表されているベラルーシの事故時15歳以上のデータを掲載しないのか、説明が求められる。

　この日の検討委員会の記者会見では、質問は主に「検査の縮小を検討しているのか」という点に集まった。検討委員会前に、座長や県内の医師たちから「検査のデメリット」や「検査を受けない選択の尊重」といった意味深な発言が相次いだことから、「検査を縮小しようとしているのではないか」との懸念が深まっていた。

図２：ベラルーシ共和国住民10万人当たり甲状腺がん罹患数推移

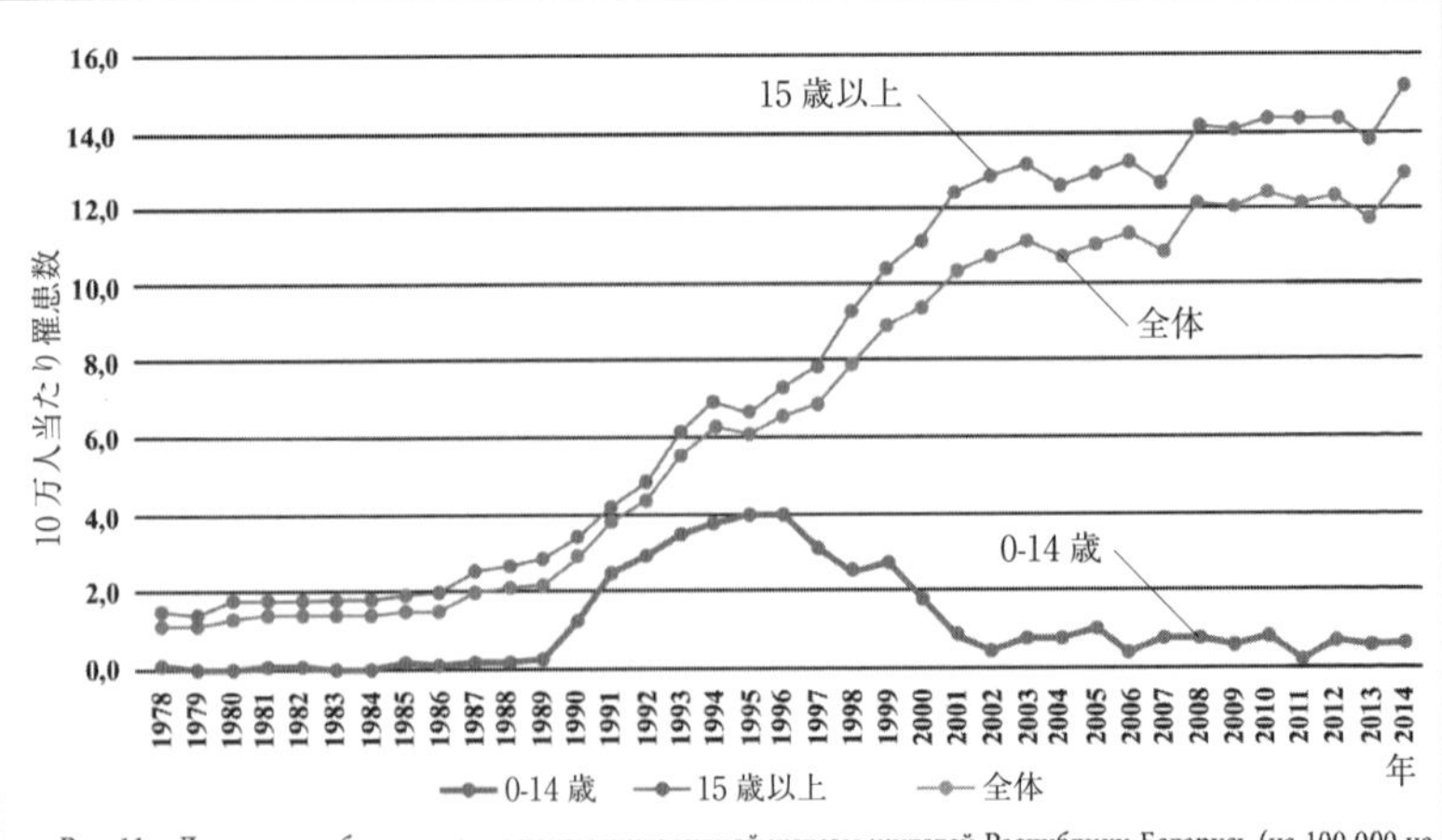

Рис. 11 – Динамика заболеваемости раком щитовидной железы жителей Республики Беларусь (на 100 000 населения)

出所：ベラルーシ政府報告書、2016年、21頁を基に作成

その議論のなかで、「ベラルーシで事故時15歳以上の層に甲状腺がんは増えていないのか」という質問は出なかった。

事故から5年しかたっていない福島と、事故後数十年間のベラルーシデータを比較することに「なんかおかしな使い方をされている」という疑問は提示された。しかし、この「チェルノブイリ・データ歪曲」について、十分な追及はなされていない。

また、これは検討委員会の資料だけの問題ではない。福島県立医大が健康調査対象者（および保護者）に向けて発行する甲状腺通信第6号（2016年8月号）にも、委員会で高村氏が提示したのとほぼ同じデータが紹介されている。ベラルーシでは事故時5歳以下の層に甲状腺がんが多く見つかっているので、より高い年齢層に甲状腺がんが多い福島とはパターンが異なる、という説明である。高村氏の報告とほぼ同じ論旨である。

このように住民に対する広報資料においても、ベラルーシのデータの一部（事故時15歳以上の発症傾向）を隠した説明がまかり通っている。ベラルーシやロシアで発症パターンを議論できるのは、成人に対しても定期的に検診を続けてきたからだ。1平方キロメートルあたり1キュリー（370億ベクレル）の土壌汚染を超える地域の住民や避難者等が対象になる。

日本では、成人後の検診頻度を低く設定し（5年に一度）、成人後の発症傾向を見えにくくしている。また事故当時成人者や、福島県外の住民を対象外にしている。ここまでの検討委員会によるデータ分析を見て分かるのは、相当無理なデータ省略をし、比較軸を操作しなければ、現時点でチェルノブイリのデータを「福島第一原発事故の影響否定」の論拠には使えない、ということだ。こうして「チェルノブイリ・データ」の独占と歪曲は続く。「チェルノブイリとは違う」というためにも、やはり「チェルノブイリ・データ」が唯一の参照点であることは変わりないからだ。そして、ロシア語の壁により、市民社会は原データを検証するすべを持たない。または、検証までに大きなタイムラグが生じる。

未完の知恵の書としての「チェルノブイリ」

私たちは6年前、日本史上誰も体験したことのない原発事故に直面した。そして、渇きをいやすようにチェルノブイリの先例にヒントを探った。放射能汚染がどんな影響をもたらすのか、その影響から身を守るために何ができるのか。「チェルノブイリ」は、それを知るための唯一の「知恵の書」だった。

けれど、メディアを通じて伝えられるのは増加する様々な病気についての恐ろしい物語であり、そこに救済のヒントはなかった。そしてそれを打ち消すように、政府や行政からは「チェルノブイリと比べてはるかに被ばく量が少ない」「チェルノブイリの10分の1」といった評価が伝えられる。

文脈から切り離された、「福島はチェルノブイリよりずっとまし」「チェルノブイリでも一部の小児甲状腺がんだけが被害」というコメントが、まことしやかに現地からのメッセージとして伝えられる。

そのコメントが本当なのか、変な曲解や、意図的な誤訳はないのか、「何か怪しい」とは思っても、ほとんどの日本人は検証するすべを持ち合わせていなかった。このロシア語の壁は、情報アクセスの制限に、都合よく使われた。

少なくとも市民に、原情報が届くには、誰かがボランティアで翻訳を完成させるのを待たなければならなかった。大きなタイムラグが生じた。そのうちに年間20ミリシーベルト基準は既成事実化し、すでにいつのまにか「子どもの甲状腺がんだけが問題」ということになっている。

皆が基本的情報を共有し「分からないこと」は分からないとしたうえで、意思決定に参加を保証する土壌が、なくなってしまったのだ。もちろんこれは、原発事故に始まったことではない。でもまさにこの原発事故において、「命」にかかわる問題について、かつてないほどにあからさまに、えげつない形で、情報アクセスが否定された。

「あなたたちが知る必要はない」と言うように。

民主主義の問題

「民主主義が危ないなって思うんですよ」

いくつかの講演会や対談の場で、福島第一原発事故の問題を追い続けている理由を問われ、共著者の日野記者はそう答えている。初めてこれを聞いたとき、はっとさせられた。

私たちは、「福島第一原発事故」を「民主主義」の問題としてとらえてきただろうか。15年「安保法制」の採決に際して、集団的自衛権行使を認める法案の内容、そして採決にいたるプロセスが戦後民主主義を覆すものとして、市民社会から大きな反対の波が生まれた。「民主主義ってなんだ！」というＳＥＡＬＤｓの呼びかけは記憶に新しい。この呼びかけはテレビを通じて伝えられ、反響を呼んだ。デモの参加者たちが守ろうと訴えたのは、まさに「民主主義」だった。

福島第一原発事故とその影響を語るとき、被害者の「人権」はいつも議論の主題であった。被災地の復興と、それを支える制度についても議論してきた。放射線の人体に対する影響も、つねに関心の中心にあった。でも「福島第一原発事故」を、「民主主義の危機」として議論することは少なかったように思う。

汚染状況は十分調査され、事故の影響に関する情報はちゃんと公開されたといえるのか。甲状腺がんの原因とされる放射性ヨウ素は８日間で半減し、２カ月もすればほぼ消えてしまう。その拡散状況や空気中の濃度がどれくらいだったのか、正確には分からない。当時東京にいた僕たちがどの程度被ばくしたのかも、はっきりしていない。

海に放出された大量の放射性物質が、今どこを流れ、どの海流に乗って戻ってくるのかも、網羅的なモニタリングがなされているわけではない。

誰も体験したことのない事態である。分からないことだらけなのは当たり前だ。しかし、一方的に「たいしたことはない」と示唆するデータだけを見せられる。そのデータの計算方法や、評価方法についてはほとんどの場合、ブラックボックスである。そして「問題はない」「アンダーコントロール」「根拠のない不安だ」という、評価だけが伝えられる。

私たちの命にかかわることだ。私たちは「命」を判断する元情報にアクセスする道を閉ざされている。そして、どうやって「たいしたことはない」という結論に至ったのか、そのプロセスを知ることもできない。

民主主義は、国民による意思決定への参加を保証することで成り立つ。だとすれば、その意思決定の前提となる情報が、いびつにシャットダウンされた社会で、民主主義はありうるのだろうか。

「民主主義が危ない」という、日野記者の危機意識は決して大げさなものではない。私はジャーナリストではない。それでもロシア語を通じてチェルノブイリ被災地の情報にアクセスし、伝えてきた者として、この危機感が分かる気がする。

ことばが意識を変え、国を変える

チェルノブイリ原発事故当初、ソ連政府は情報隠蔽に終始した。人々は未体験の事態を、語る言葉を持たなかった。

「チェルノブイリ」の人々は爆発した原子炉への対応を、戦争の物語で語った。偵察し、突撃し、封じ込め、隔離し「勝利」するまでに、多くの戦死者と英雄を生んだ。人々は「疎開」させられた。

このソ連政府の政策が、大きく転換したのが、事故から5年後に成立した「チェルノブイリ法」だ。もう人々は、これが「戦争」でないことに気づいていた。最も象徴的なのは、チェルノブイリ法案の中で、「チェルノブイリ事故」という言葉を使うのをやめ、「カタストロフィ」と呼び始めたことだ。

「リョウ、君は日本人だから仕方がないが、君が「チェルノブイリ事故（Avariya）」という言葉を使うたび、胸が痛むんだ。これはカタストロフィなんだよ」

第5章で登場した市民団体の創設者パーヴェル氏がそういった言葉が、今も耳に響く。チェルノブイリ法の成立過程を調査するなかで、ソ連政府のチェルノブイリ法草案と、関係各省庁からの草案へのコメントを見る機会があった。当時電力省から、「「カタストロフィ」という言葉を使うのは強すぎる。これは「事故（Avariya）」だ、という主張があった。

それでも、成立したチェルノブイリ法は「チェルノブイリ・カタストロフィの影響に曝された市民のステータス」と名づけられた。チェルノブイリ法は「地球規模のカタストロフィ」が起きたという認識に立って、被害者に対する長期的な、国による補償を定めた。

私たちが今検証している「甲状腺がん」発症パターンについてのデータも、すべてチェルノブイリ法が定めた「生涯続く、次世代も対象にした健康診断」があったからこそ、記録として残った。「ことば」が意識を変え、新しい意識で社会が生まれ変わろうとした。その時代にできた法律が、最後の砦として被災者の健康調査を打ち切らせずにいる。

私たちは災害とそこからの復興の物語として語ってきた。日本はソ連のような戦勝国ではない。打ちのめされても「絆」によって、立ち直り、さらなる発展を遂げるというのが、唯一の成功体験。唯一すがれるストーリーだった。チェルノブイリの人々が戦闘と勝利を求めたように、私たちは疑問も感じずに「復興」を求めた。災害とそこからの復興の物語。だから事故原因や責任の究明よりも、被災地の社会・経済的な発展を支援することが優先だった。「犯人探しをしても仕方ない。今大事なのは、被災地にどう事故前を超える発展を生み出すかだ」

このような言い方にも、説得力があった。

だが、つらいけれど、そろそろ、ことばを変えなければならない。

もう気づいているだろう。これは「災害」ではないのだ。

あとがき

「放射能の危険をあおっている」

私が書く記事や本に寄せられる批判の典型的な文言だ。だが、その度に首を傾げざるを得ない。一体どこがあおっているというのか、一体何が問題なのか、直接言われるようなら、そう問い返すこともできる。実際、先日も若い官僚から遠回しに批判されて問い返した。もちろん、まともな答えは返ってこない。

だが、こうした批判のほとんどは匿名の、ネット上で寄せられるものばかりで、問い返すこともできない。時折、逆の主張の方々からも批判を受ける。「もっと放射能の危険性を報じてほしい」というものだ。こちらもこちらで「自分の記事を本当に読んでいるのだろうか」と嘆息せざるを得ない。

あの事故が起きてからもうすぐ6年が経つ。私は一体何を報じてきたのか、しばしば自問自答する。

この国の政府が、原発事故の実態に沿い、被災者の意思を尊重した政策を取っているのか、また誠実に遂行しているのか、という観点で報道を続けてきた。ほぼ唯一の前例であるチェルノブイリではどうだったのか、また政府がこの知見をどう扱ってきたかは避けては通れないテーマだ。

だが、残念ながら私にはチェルノブイリの知識や経験がない。現地を知り、大惨事（カタストロフィ）と向き合い続ける尾松さんは大事な存在だ。私は2013年夏に初めて会ってから、多少の迷惑もお構いなくアプローチを続けてきた。正直に言うと、当初は話を聞いても理解できないことばかりだった。きっと尾松さんも「この人大丈夫かな」と思っていたはずだ。

だが、しつこく食い下がっているうちに、尾松さんの言葉が胸にすとんと落ちることが増えるようになった。最も痛感したのが、被害補償と支援の資金拠出義務は国家が負うというチェルノブイリ法の条文だ。尾松さんは「原発事故の責任は国家しか負うことができない」と言い続けてきた。被害の巨大さ、長さ、を考えるとそうするしかなく、そして何より原子力とは国家そのものなのだ。

福島第一原発事故後の日本はどうだろうか。賠償責任は東電が負い、国は被災者を「支援」する立場にとどまる。つまり責任を取らない。一方で、国民の納得を得られないまま原発再稼働を進め、まるであの事故を「なかったこと」にしている。

繰り返すが、放射能が危ないから避難しろ、そう報じているつもりはない。逆もまたしかりだ。国民が納得する政策が行われていない、そう報じているつもりだ。それは原発事故、そして放射能の被害をどう捉えるかにかかっている。チェルノブイリの知見をどう評価するかも同義だ。

事故による被ばくはリスクであり、何一つメリットがないことを為政者もよく分かっている。だからこそ、密室でこそこそと政策を決め、「寄り添う」などと美辞麗句でごまかし、「もう決まったことだから」と結論だけを押し付ける。原発事故後の被災者政策はこの国の民主主義を歪めつつある。今はてらいなく言える。民主主義を守るために報道していると。

尾松さんは最初から本質を知っていたのだと思う。万事にのみ込みの悪い私は尾松さんの言葉に導かれてこの苦しい報道を何とか続けられている。敬愛する尾松さんと名を連ねて本を出す感激は言葉で言い表せない。そして、思いを一つに粘り強く付き合ってくれた人文書院の赤瀬智彦さんに謝意を表したい。

日野行介

＊

私は、２０１６年1月末に一度職を失った。

正確に言えば、当時の職場の契約期間終了とともに契約延長を辞退させていただいた。

16年2月に第2章でふれた「ロシア政府報告書」の甲状腺がんデータに関する論考を、雑誌『世界』に発表することを決めていた。そのほかにも、チェルノブイリ30年・福島5年に関連して、コメントを求められる機会があることは分かっていた。このタイミングでは黙っていたくなかった。

発言すれば、いろいろな批判があることも予想でき、職場に迷惑もかけたくなかった。このタイミングで、落とし前を付けなければいけないテーマだと思っていた。自己責任でやらなければいけなかった。

「君のやることを邪魔することはできないな」と、それまで2年間立法調査にたずさわるチャンスをくれた荒井広幸議員（当時）は認めてくれた。

とはいえ、何かその先の見通しがあったわけではない。4月26日のチェルノブイリ追悼式が過ぎれば、このテーマへの関心は急速に引いていくと分かっていた。問

題意識を共有する編集者のおかげで、連載企画を担当させてもらうようにはなったが、それもチェルノブイリ30年の1年が限度、原稿料だけで生活などできないのも分かっていた。

4月には息子が2歳になった。

「何をやってるんだ俺は……」

家族への申し訳なさに、打ちのめされそうになることもあった。

「そんな原稿書いたってすぐ忘れられるんだぞ」

「いいように踊らされているだけじゃないか」

先輩たちからの正しすぎる指摘にひるみそうになる。

「いいじゃないか、忘れられたって。べつに名を残すためにやっているんじゃない」

「今何もやらなかったら、ここまで何もしなかった先生方と同じだ」

「僕が忘れられたあとにもこの資料は残る。きっと10年後、これを使って検証に役立ててくれる」

強がって言い返すのだが、どうにも言いえない気持ち悪さが残る。でも踏み出したのだから、少なくとも数カ月、たくわえが尽きるまではやるしかない。

「さあ、快進撃と行きましょうか」

日野記者からのメールだった。私が原稿を発表し始めたことへの激励だった。何が「快進撃」だよ。失業して、徐々に破産していくっていうのに……と思いつつも、うれしかった。

皆「やめておけ」「そこまでする意味があるのか」と言っていた。唯一、僕の無謀な行為を評価してくれた。それまでも要所要所で意見交換しながら、私の問題意識や、悔しさを分かってもらえていたのだと思う。

私が原稿を発表するきっかけを作ってくれ、原稿の中身にも常に的確な指摘をしてくれる、よき読者でもあった。今回、この本を一緒に作ることができたことを幸せに思う。

この本は、「命の情報」をシャットアウトする巨大なメカニズムに対して、私たちなりに抗った、ささやかな抵抗の記録だ。明らかにできたことは、隠されたこと、歪められたことのほんの一部でしかない。ただ、本書に収めた調査ケースから、隠蔽の特徴的なパターンを浮かび上がらせることはできたのではないかと思う。

当初、大まかに、チェルノブイリ30年の知見の歪曲、健康や命をめぐる情報公開のあり方がテーマになることは決まっていた。これがチェルノブイリものなのか、健康被害の話なのか、情報隠蔽にかかわる話なのか、二人の著者が書き進めながら、全体を貫くコンセプトが形作られていったように思う。

自由に書かせながらも、芯がどこにあるのか丁寧に探り、時間をかけて議論に付き合ってくれた担当編集者の赤瀬氏の力は大きい。同じく私と日野記者が参加した『原発避難白書』での共同作業の経験も土台になり、赤瀬氏の編集者としての力量に助けられた。

本書で記述した私のフィールドワークは、応援してくださった方々の寄付によって可能になった。全員のお名前を挙げることはできないが、応援いただいた方々に改めて感謝したい。特に「おはなし夢夢」「夢企画」の関係者の方々には、寄付をいただくだけでなく、調査成果報告会や講演会の場を設けていただいた。児童文化の担い手として、今後も原発事故の体験を次世代に語り継ぐ取り組みを続けてほしい。

最後に、妻と息子へ。

この調査をやらせてくれて、ありがとう。勝手なことをしてすまなかった。

ずっとあなたたちと一緒にいる。あなたたちが、何よりも大事だ。

尾松 亮

［著者紹介］

日野行介（ひの・こうすけ）

1975年生まれ。九州大学法学部卒。1999年毎日新聞社入社。大津支局で薬害ヤコブ病訴訟、福井支局敦賀駐在で高速増殖炉もんじゅや原発増設計画を取材。大阪社会部では和歌山県知事汚職事件などを取材した。2012年度から東京社会部に移り、県民健康管理調査の「秘密会」問題や復興庁参事官による「暴言ツイッター」を特報。現在は特別報道グループ記者。著書に『福島原発事故　県民健康管理調査の闇』、『福島原発事故　被災者支援政策の欺瞞』（いずれも岩波新書）、『原発棄民　フクシマ5年後の真実』（毎日新聞出版）。共著に『原発避難白書』（人文書院）。

尾松　亮（おまつ・りょう）

1978年生まれ。東京大学大学院人文社会系研究科修士課程修了。2004～07年、文部科学省長期留学生派遣制度により、モスクワ大学文学部大学院に留学。その後、日本企業のロシア進出に関わるコンサルティング、ロシア・CIS地域の調査に携わる。11～12年「子ども・被災者生活支援法」（12年6月成立）の策定に向けたワーキングチームに有識者として参加、立法提言に取り組む。現在、関西学院大学災害復興制度研究所研究員。

著書に『3・11とチェルノブイリ法――再建への知恵を受け継ぐ』（東洋書店新社）。共著に『原発事故 国家はどう責任を負ったか――ウクライナとチェルノブイリ法』（東洋書店新社）、『原発避難白書』（人文書院）。

フクシマ6年後　消されゆく被害
――歪められたチェルノブイリ・データ

二〇一七年二月二〇日　初版第一刷印刷
二〇一七年三月一日　初版第一刷発行

著　者――日野行介・尾松　亮
発行者――渡辺博史
発行所――人文書院
〒六一二―八四四七
京都市伏見区竹田西内畑町九
電話　〇七五（六〇三）一三四四
振替　〇一〇〇〇―八―一一〇三

装　幀――田端　恵・Lisa FOULLARD（株）META
印　刷――株式会社文化カラー印刷
製本所――大口製本印刷株式会社

ISBN978-4-409-24115-8　C1036